科技农业
高效农业

果园山林散养土鸡

（第二版）

主　编　陈宗刚　李志和

副主编　王桂芬　李金明

编　委　白亚民　张红杰　陈玉芹

　　　　张　杰　王　祥　王凤芝

　　　　白立梅　张春香　王玉娟

U0227324

科学技术文献出版社
SCIENTIFIC AND TECHNICAL DOCUMENTATION PRESS
·北京·

图书在版编目(CIP)数据

果园山林散养土鸡 / 陈宗刚等主编. —2版. —北京: 科学技术文献出版社, 2013.1(2014.11重印)

ISBN 978-7-5023-7566-9

Ⅰ.①果… Ⅱ.①陈… Ⅲ.①鸡—饲养管理 Ⅳ.① S831.4

中国版本图书馆 CIP 数据核字(2012)第 227678 号

果园山林散养土鸡(第二版)

策划编辑:孙江莉 责任编辑:孙江莉 杨 然 责任校对:张吲哚 责任出版:张志平

出　版　者	科学技术文献出版社
地　　　址	北京市复兴路15号　邮编 100038
编　务　部	(010)58882938,58882087(传真)
发　行　部	(010)58882868,58882874(传真)
邮　购　部	(010)58882873
官方网址	www.stdp.com.cn
发　行　者	科学技术文献出版社发行　全国各地新华书店经销
印　刷　者	北京时尚印佳彩色印刷有限公司
版　　　次	2013 年 1 月第 2 版　2014 年 11 月第 2 次印刷
开　　　本	850×1168　1/32
字　　　数	228千
印　　　张	9.5
书　　　号	ISBN 978-7-5023-7566-9
定　　　价	22.00元

前　　言

　　自《果园山林散养土鸡》出版以来,承蒙广大读者的厚爱和科学技术文献出版社的努力,使本书多次重印。许多读者纷纷来电、来函进行相关咨询,对一些生产中存在的实际问题提出了一些中肯的建议,因此在第二版时对第一版中的第二章进行了增删、第三章进行了重新编写、第八章的疫病部分进行了更新,增加了鸡的手术部分。

　　养殖科学是不断完善的科学,许多知识需在生产实践中不断完善。而且随着环境、条件的改变,还会出现许多新的情况,尤其是新的疾病不断出现,出现了许多亚型株或变异株,使疫病的临床症状变得更加复杂,准确诊断难度加大。因此,在这里提醒养殖者,只有通过不断地学习新知识,才能保证持续地取得经济效益。

　　本书在编写和再版过程中得到科学技术文献出版社李洁老师的热情支持与多方面协助,使本书能如期的与读者见面,在此对李老师付出的艰辛劳动,表示衷心的感谢。

　　由于我们水平所限,编写中的错误和不当之处恳请广大科技工作者和生产者批评指正,在此不胜感谢。

编　者

第一版前言

随着人民生活水平的提高,人们的营养意识和食品安全意识不断增强,消费观念开始向崇尚自然、追求健康、注重环保方向转变。人们对吃的要求也从数量转到质量上,不仅要求吃饱,更讲究口味、营养,讲究吃得安全,吃得健康。消费者不仅要求鸡产品营养丰富,而且要有良好的感官性状和口味,更重要的是要求产品安全无污染。而目前的快速型肉鸡产品色泽差,风味不足,远远不能满足消费者的需求。因此,优质、安全的土鸡产品备受关注,需求量逐年增加。

近几年来,动物性食品中药物残留问题愈来愈引起人们的重视,人们开始寻找无公害绿色食品。散养土鸡是大自然的产物,是当之无愧的绿色食品,越来越受到人们的喜爱。

优质土鸡大规模养殖是我国现代养鸡业中独具特色的一个新兴产业。优质土鸡又称为优质地方品种鸡、笨鸡、本地鸡,特指优质地方品种鸡的直接利用和生产。其血统纯正,以肉用为主,蛋用为辅,不但口感好,而且营养丰富。我国优质土鸡虽然增重较慢,饲料转化率不高,但抗病力强,营养丰富,肌肉嫩滑,肌纤维细小,肌间脂肪分布均匀,水分含量低,鸡味浓郁,风味独特,产品安全无污染,因而深受青睐,价格是普通肉鸡的2～3倍。全国各地掀起饲养优质土鸡的热潮以来,其生产规模不断扩大,技术水平不断提高,产业化发展势头迅猛,成为当前农村新的经济增长点。我国有发展优质土鸡生产的基础和有利条件,优质土鸡的养殖将成为我国现代肉用鸡生产的主体,发展前景广阔。

在生产中发现,有很多不具备散养条件的地方存在盲目跟进的情况,致使许多养殖户利益受损,所以在决定养鸡之前除进行相关的学习外,还要进行市场调查,否则宜慎重考虑。

针对当前各地土鸡养殖的蓬勃发展,广大养殖户对科学养殖知识和先进技术需求的迫切形势，我们根据近年来优质土鸡生产实践和科研所积累的资料，借鉴国内外养鸡最新技术和成果，在广泛调查研究的基础上，精心编著成本书，以期对我国优质土鸡的产业化发展起到些许促进作用。

本书既有丰富的理论作为依据，更注重生产实践中各主要环节的关键技术和措施，具有科学性、先进性、实用性。既适用于各养禽场（户），又可供广大养殖技术和管理人员参考。

在编写过程中，编者参考了大量有关文献，谨致谢忱。优质土鸡养殖是一门新兴的产业，规模化、产业化生产也是近年来才出现的，其发展更是日新月异，限于我们的时间和写作水平，书中不足和错误之处，敬请读者批评、指正。

编　者

目 录

第一章 土鸡散养概述

土鸡散养就是利用草山、草坡、果园、林地、荒滩等地的昆虫等动物性饲料和天然青饲料放养土鸡。它具有隔离条件好，疾病发生少，成活率高，饲养成本低，投资少的特点，是值得大力发展的致富养殖形式。

土鸡散养的特点是放养，在品种选择上应当选择适宜放养、抗病力强的土鸡或土杂鸡的地方优良品种。

第一节 散养土鸡的饲养价值

土鸡又名笨鸡、本地鸡，是我国传统的养殖品种。前些年，由于土鸡自身存在的生长慢、个体小、产蛋少等弱点，逐步被国外快速型肉鸡所取代，养殖数量大大减少。但随着人们消费水平和消费观念的变化，土鸡的脂肪沉积适中，皮薄肉嫩，细滑味美，骨硬肉丰，气香入脾的特点重新被人们所认识，消费数量逐年增加，土鸡散养已成为农村养殖业的新热点。土鸡散养是目前全国各地大力发展的养殖方式，养殖的土鸡市场价格高、销路好，既可"土鸡（柴鸡）土养"，又可"洋鸡土养"。

散养的土鸡善跑，生长时间长，肉细好吃；鸡蛋个体小，蛋清浓稠、香味浓郁、无抗生素、无农药残留、高蛋白质、低胆固醇、蛋黄呈现自然的金黄色泽,且富含蛋白质、氨基酸、脂肪、钙、磷、铁、维生素 A、维生素 D、核黄素、硫胺素、尼克酸等人体所必需的营养成分,口感细腻,营养丰富,是当之无愧的绿色食品。长期食用能滋阴补肾,开慧益智,强身健体,助容养颜,延年益寿。

果园、山林养鸡不争地,鸡粪肥园、肥林,提高土壤肥力,有利于果园丰产。鸡捕食白蚁、金龟子、潜叶蛾、地老虎等昆虫的成虫、幼虫和蛹,有利树木正常生长。

果园、山林养鸡,鸡可随时捕食到昆虫、草籽、青料、沙粒等,扩大了摄食范围,既节省了饲料,又有益于鸡的生长发育,特别是产蛋鸡的生长,可提高产蛋量 5%～6%。

自然散养鸡可以改变传统的农村家庭散养方式,推行规模化、集约化的林地放牧圈养技术。放牧饲养 120 天后,将公鸡淘汰出来,上市销售。母鸡继续饲养至 150 天左右,开始产蛋。因此,自然散养鸡是农民快速致富的一条好途径。

从销路上看,纯正的土鸡市场上比较畅销。由于快速型肉鸡在养殖过程中缺少运动,肉质松软,而且在饲喂时,饲料里添加了抗生素、激素等药物,鸡产品中含有药物残留,人吃了以后会受到药残的污染。随着人们消费观念和口味的改变,快速型肉鸡的消费将逐渐减少。而土鸡在养殖过程中,主要采用散养方式,在自然环境中采食五谷杂粮,运动量大,无污染,口感好,营养丰富,深受人们的欢迎,产品在市场上供不应求。

从养殖成本上看,土鸡养殖成本很低。一是鸡苗投入少,家家户户都可以养。二是饲料消耗少。养土鸡多采用散养方式,鸡群在田野、山林中觅食昆虫、草籽,养殖户仅在晚上饲喂少量原粮(未加工过的高粱、玉米、谷子等)即可,相对于养肉鸡来说,可节约 2/3 以上的饲料,大大降低了饲养成本。

从养殖利润上看,土鸡收入比较可观。目前,市场上土鸡价格为快速型肉鸡的2～3倍。同时,由于土鸡蛋蛋青浓稠、香味浓郁、高蛋白质、低胆固醇、味道好,无污染,也深受人们的青睐。

散养土鸡投资少,无污染、肉质鲜美细嫩、野味浓郁,售价高,符合绿色食品要求,是一项值得大力推广的绿色养殖实用技术。

第二节　土鸡的生活习性

土鸡虽然品种千差万别,但都具有耐粗饲、就巢性强和抗病力强等特性,有别于笼养的肉鸡、蛋鸡。

1. 喜暖性

土鸡喜欢温暖干燥的环境,不喜欢炎热潮湿的环境。

2. 登高性

土鸡喜欢登高栖息,习惯上栖架休息。光照直接影响鸡的活动能力,光由弱到强,鸡的活动能力也逐渐加强,相反,活动能力减弱,黑夜时鸡完全停止活动,登高栖息。

3. 合群性

土鸡的合群性很强,一般不单独行动,刚出壳几天的雏鸡,就会找群,一旦离群就叫声不止。

4. 应激性

土鸡胆小怕惊,任何新的声响、动作、物品等突然出现,都会引起一系列的应激反应,如惊叫、逃跑、炸群等。

5. 抱窝性

土鸡一般都有不同程度的抱窝性,在自然孵化时是母性强的标志。

6. 认巢性

公、母土鸡认巢的能力都很强，能很快适应新的环境、自动回到原处栖息。同时，拒绝新鸡进入，一旦有新鸡进入便出现长时间的争斗，特别是公鸡间争斗更为剧烈。

7. 恶癖

高密度养鸡常造成啄肛、啄羽的恶癖，如不及时采取措施有大批啄死的危险。

第三节　提高土鸡散养效益的措施

1. 选择优良的土鸡品种

我国的地方优质土鸡品种很多，这些品种的土鸡具有体形小、耐粗饲、抗病能力强、肉质细嫩、味道鲜美、生长速度快、产蛋量高等优点，是土鸡散养的理想品种。由于品种间相互杂交，因而鸡的羽毛色泽有"黑、红、黄、白、麻"等颜色，脚的皮肤也有黄色、黑色、灰白色等，市场消费也不一样，故要选养适宜当地消费的品种。

2. 生产条件和设施要配套

果园、山林散养土鸡，通常可能面临缺电、缺水与交通运输不便等问题，会给生产管理带来较多困难，特别是大规模养殖，情况尤为严重，对此必须预先考虑，尽量解决好水、电及必备用具，准备好应急方案。

3. 凉棚、鸡舍的建造

雏鸡的体温调节功能还不健全，不能直接把雏鸡放到山坡上散养,应在育雏室中育雏不少于5周。

土鸡在山坡或林间散养,受自然环境,特别是温度影响较大。应根据饲喂土鸡数量的多少搭建凉棚或遮雨篷,供土鸡夏日避暑、风天避风、雨天防淋等。凉棚的位置可根据山坡走势和地理特点,建在风小、朝阳的地方。

建造的简易鸡舍不能过分简陋,应及时堵塞墙体上的大小洞口,鸡舍门窗用铁丝网或尼龙网拦好。

土鸡在自然条件下冬天不产蛋,要提高土鸡的产蛋量,就要创造适合土鸡生产的条件,提高生产水平。有条件的场户,可建笼养式鸡舍,进入冬季,把土鸡放入笼中饲养,保持舍内温度,使土鸡在冬天能持续产蛋,增加养殖效益。

4. 把好市场脉搏

无论土鸡产品价格预测如何,养殖户都应善于通过报刊、广播、网络等有效手段,及时掌握鸡蛋、饲料、雏鸡、商品土鸡的价格波动情况,把握每一个增收节支的机会,为更好地调整土鸡生产奠定基础。

5. 适度规模饲养

养殖者要根据自身的经济实力和抗风险能力,掌握好土鸡饲养的适度饲养规模,要根据场区大小和资金实力,制定合理的饲养计划,既不能造成固定资产的闲置浪费,也不能贪求过大的饲养规模,为资金的回流和滚动发展加足筹码。

6. 提倡科学喂养

饲料运用应规范、科学,应选用质量过关且价格合理的全价配合饲料或预混饲料,保证饲料的卫生,谨防霉变、冰冻等。为了节约饲养成本,可在畜牧技术人员的指导下,进行饲料的合理组方,防止饲料营养不全,影响鸡只生长和产蛋率。

7. 加强疫病控制

(1)把好鸡舍建设关,避免人鸡混居,尽量远离村庄,减少疫病的发生和传染。

(2)严格把好消毒关,建立定期消毒制度,既要保证鸡只饲养安全,也要保证消毒质量。

(3)把好科学防疫关,不要因为野外养鸡与其他养鸡场隔离较远而忽视防疫,野外养鸡同样要注重防疫,制订科学的免疫程序并按免疫程序做好鸡新城疫、马立克病、法氏囊病等重要传染病的预防接种工作。同时还要注重驱虫工作,制订合理的驱虫程序,及时驱杀体内、外寄生虫。

(4)把好无害化处理关。要严格按照当地畜牧部门的要求,对染疫或疑似染疫鸡只进行火化、深埋等无害化处理,避免疫情传播。

8. 严防兽害

野外养鸡要特别预防鼠、黄鼠狼、野狗、山獾、狐狸、鹰、蛇等天敌的侵袭。鸡舍不能过分简陋,应及时堵塞墙体上的大小洞口,鸡舍门窗用铁丝网、尼龙网或不锈钢网围好。同时要加强值班和巡查,经常检查散养场地兽类出没情况。

散养时鸡到处啄虫、啄草,不易及时发现鸡只异常状态。如果鸡只发生传染性疾病,会将病原微生物扩散到整个散养环境中。因此,散养时要加强巡逻和观察,发现行动落伍、独处一隅、精神萎靡的病弱鸡,要及时隔离观察和治疗。鸡只傍晚回舍时要清点数量,以便及时发现问题、查明原因和采取有效措施。

9. 重视鸡群对环境植被的危害

鸡是采食能力很强的动物,大规模、高密度的鸡群需要充分的食物供应,否则会对散养殖场所的生态环境产生很大危害。因此,必须认识到山林田园中的天然饵料的供应是相对有限的,及时注意加强饲料投放,采取合理的饲养密度和轮牧措施。否则,不仅影响鸡群的正常生长发育,而且会对散养环境中的植被、作物、树木产生很大破坏。

10. 淘汰病鸡

病鸡一定要隔离观察饲养,没有治疗或者饲养价值的鸡只要尽早淘汰。因为病鸡是致病菌的携带者,并且长期散毒,是鸡群中的"定时炸弹",将病鸡与健康鸡养在同一圈舍,鸡群再次发病的几率非常高。

11. 注重技术合作与革新,提高技术含量

随着市场竞争日趋激烈,只有技术领先才能立于不败之地。土鸡生产者应注意利用书刊、上网、参加产品交易会和技术交流会等各种机会,不断学习采用新技术、新工艺,并在养殖实践中加以发展创新,尽量与同行、专家保持密切联系,加强技术信息交流,不断进行技术升级改造。

12. 实施产业化经营,规避市场风险

有条件的地区和养殖场者,可以尝试走土鸡产业化开发的路子,不仅仅局限于养鸡卖鸡、卖蛋,还要从种鸡选育、孵化育雏、育成育肥、鸡(蛋)运销、产品深加工、生产资料供应、技术服务、特色餐饮旅游开发等不同环节进行专业化分工和协作,以利于延伸产业化链条,实现挖潜增效,分摊市场风险。

第二章　放养品种的选择

我国幅员辽阔,地形多样,几千年来经劳动人民长期选择和培育,形成了许多各具特色的土鸡优良地方品种,即优质土鸡。

据全国品种资源调查确定,我国鸡的地方品种有 64 个。世界上不少著名的鸡种都有我国土鸡的血统。因此,我国优质土鸡品种对世界著名鸡种的育成有着很大的影响。近年来,优质土鸡在我国肉鸡业的发展中逐渐占据主导地位,尤其是有某些特异性状的优质土鸡品种如青脚鸡、麻羽鸡、丝毛鸡等,在大大小小的城市销售红火。

第一节　土鸡的类型

一、我国优质土鸡品种的分布

1. 青藏高原区

藏鸡。

2. 蒙新高原区

边鸡、吐鲁番斗鸡。

3. 黄土高原区

静原鸡、边鸡、洛阳鸡、正阳三黄鸡。

4. 西南山地区

彭县黄鸡、峨嵋黑鸡、武定鸡、版纳斗鸡。

5. 东北区

林甸鸡、大骨鸡。

6. 黄淮海区

北京油鸡、寿光鸡、济宁鸡。

7. 东南区

浦东鸡、仙居鸡、萧山鸡、白耳黄鸡、丝毛乌骨鸡（江西的泰和鸡、福建的白绒鸡、广东的竹丝鸡）、江山白羽乌骨鸡、崇仁麻鸡、河田鸡、惠阳胡须鸡、杏花鸡、清远麻鸡、霞烟鸡、桃源鸡、固始鸡、溧阳鸡、鹿苑鸡、狼山鸡、中原斗鸡、漳州斗鸡。

二、土鸡的主要经济类型

1. 快大型

快大型土鸡因其肉鸡血缘成分较高，所以生长速度快，脚粗壮，个体大，一般 50 日龄可达到 2 千克，肉质一般。

2. 中速型

中速型土鸡与肉鸡血缘成分含量中等，生长速度快于土种鸡而慢于快大型鸡，一般 70～90 日龄体重达到 2 千克，肉质较好。

3. 优质型

优质型土鸡，肉鸡血缘成分较低或不含肉鸡血缘，生长速度较慢，腿细，一般90～100日龄体重在1.8千克左右，肉质鲜美，风味独特，最受消费者欢迎。

三、土鸡的品种类型

按照标准分类法，可把土鸡分为蛋用型、肉用型、兼用型和专用型四个类型。

1. 蛋用型

蛋用型土鸡体躯较长，后躯发达，皮薄骨细，肌肉结实，羽毛紧密，鸡冠发达，活泼好动。开产早（即小鸡长至6个月后开始产蛋），产蛋多（年产蛋200～300枚），一般不抱窝，抗病能力弱，肉质差，蛋壳较薄。

2. 肉用型

肉用型土鸡以产肉为主。肉用型土鸡体型大，体躯宽深而短，胸部肌发达，鸡冠较小，颈短而粗，腿短骨粗，肌肉发达，外形呈筒状，羽毛蓬松，性情温驯，动作迟钝，生长迅速，容易肥育，但寻食力差，成熟晚，产蛋量低。

3. 兼用型

兼用型土鸡介于蛋用型与肉用型之间，肉质较好，产蛋较多，一般年产蛋约160～200枚。当产蛋能力下降后，肉用经济价值也较大。这种鸡性情比较温顺，体质健壮，觅食能力较强，仍有抱窝性。如狼山鸡、九斤黄和寿光鸡等。

4. 专用型

专用型土鸡是一种具有特殊性能的鸡，无固定的体型，一般是根据特殊用途和特殊经济性能选育或由野生驯化而成的,如药用、观赏用的泰和鸡;作观赏用的长尾鸡、斗鸡;作观赏、肉用的珍珠鸡、山鸡等。

第二节　我国优良土鸡品种

我国国土面积大,南北差异明显,地方优质土鸡品种多,并且羽毛色泽各异,市场消费也不一样,故放养的土鸡品种要选择一些易管理、适应性强的、适宜当地消费的土鸡品种。

1. 三黄鸡

三黄鸡(图 2-1)是我国稀有珍贵品种,以黄毛、黄嘴、黄脚为主要特征,体型小巧,外貌华丽,耐粗饲,适应性强。该鸡饲养 120 天体重 1.2～1.4 千克,肉鸡养 140 天体重 2.0～2.2 千克,肉料比 1∶3.86。母鸡养 125～140 天开始产蛋,年产蛋 80～120 枚。

图 2-1　三黄鸡

2. 固始鸡

固始鸡(图 2-2)是我国著名的地方鸡种。优良性状很多,突出的优点是耐粗饲,抗病力强,适宜野外放养散养;肉质细嫩,肉味鲜美,汤汁醇厚,营养丰富,具有较强的滋补功效;母鸡产蛋较多,蛋大,蛋清较稠,蛋黄色深,蛋壳厚,耐贮运。这些独特的优良性状,使固始鸡久负盛名、享誉海内外。

图 2-2　固始鸡

固始鸡属蛋肉兼用型鸡种。体型中等,外观清秀灵活,体形细致紧凑,结构匀称,羽毛丰满。公鸡羽色呈深红色和黄色,母鸡羽色以麻黄色和黄色为主,白、黑很少。尾型分为佛手状尾和直尾两种,佛手状尾羽向后上方卷曲,悬空飘摇。成鸡冠型分为单冠与豆冠两种,以单冠居多。冠直立,冠、肉垂、耳叶和脸均呈红色,眼睛虹膜浅栗色。喙短略弯曲,呈青黄色。胫呈靛青色,四趾,无胫羽。皮肤呈暗白色。成年鸡体重:公鸡 2470 克,母鸡 1780 克。开产日龄 205 天,年产蛋 141 枚,蛋壳呈褐色。

3. 斗鸡

斗鸡(图 2-3)是我国特有的珍禽品种,存养量极少。斗鸡具有较高的食用观赏娱乐价值,其肉鲜美、香甜细嫩,具有特殊风味。据测定,斗鸡肉质中的各种氨基酸和微量元素的含量均高于同等饲养条件下其他鸡种的含量,是一种高蛋白、低脂肪的珍禽。斗鸡还有一定的观赏娱乐价值,它雄健、威猛、机智、顽强,是一些娱乐场所的宠物。

图 2-3 斗鸡

斗鸡体大骨壮,头小冠平、颈粗而长、腿粗而高、羽毛贴身,毛色以白、黑为主,肌肉丰满,早期生长较快,3 个月体重可达 2 千克以上。公鸡性情凶猛好斗,成年公斗鸡体重 5～6 千克,母斗鸡体重 3～3.5 千克,一般年产蛋 250 枚左右。

4. 峨嵋黑鸡

峨嵋黑鸡(图 2-4)属蛋肉兼用型鸡种。体型较大,体态浑圆,全身羽毛黑色,着生紧密,具金属光泽。大多呈红色单冠,少数有红色豆冠或紫色单冠或豆冠。虹彩橘红色,少数栗色。部分有胫羽,喙、胫、趾黑色,极少数颌下有胡须。皮肤白色,偶有黑皮肤个体。成年鸡体重:公鸡 2832 克,母鸡 2226 克。开产日龄 186 天,年产蛋 120 枚,蛋壳呈褐色或浅褐色。

图 2-4 峨嵋黑鸡

5. 河田鸡

河田鸡（图 2-5）属于肉用型品种。河田鸡体近方形。有大型与小型之分。雏鸡的绒羽均深黄色，喙、胫均黄色。成年鸡外貌较一致，单冠直立，冠叶后部分裂成叉状冠尾；皮肤、肉白色或黄色，胫黄色。公鸡喙尖呈浅黄色，头部梳羽呈浅褐色，背、胸、腹羽呈浅黄色，蓑羽呈鲜艳的浅黄色，尾羽、镰羽黑色有光泽，但镰羽不发达，主翼羽黑色，有浅黄色镶边。母鸡羽毛以黄色为主，颈羽的边缘呈黑色，似颈圈。成年公鸡体重为 1725 克左右，母鸡为 1207 克左右。开产日龄 180 天左右，年产蛋 100 枚左右，蛋壳以浅褐色为主，少数灰白色。

图 2-5　河田鸡

6. 北京油鸡

北京油鸡（图 2-6）属蛋肉兼用型鸡种。其中羽毛呈赤褐色（俗称紫红毛）的鸡体型偏小；羽毛呈黄色（俗称素黄色）的鸡体型偏大。初生雏全身披着淡黄或土黄色绒羽，冠羽、胫羽、髯羽也很明显，体浑圆。成年鸡的羽毛厚密而蓬松。

北京油鸡有冠羽和胫羽，有些个体兼有趾羽。多数个体的颌

图 2-6　北京油鸡

下或颊部生有髯须,冠型为单冠,冠叶小而薄,在冠叶的前段常形成一个小的"S"状褶曲,冠齿不甚整齐。虹彩多呈棕褐色,喙和胫呈黄色,少数个体分生五趾。成年鸡体重:公鸡 2049 克,母鸡 1730 克。性成熟较晚,开产日龄 210 天,年产蛋 110 枚,蛋壳呈褐色,个别呈淡紫色。

7. 鹿苑鸡(鹿苑大鸡)

鹿苑鸡(图 2-7)属蛋肉兼用型鸡种。体型高大,胸部较深,背部平直。全身羽毛黄色,紧贴体躯。颈羽、主翼羽和尾羽有黑色斑纹。胫、趾黄色,腿裆较宽,无胫羽。成年鸡体重:公鸡 3120 克,母鸡 2370 克。开产日龄 180 天,年产蛋 145 枚,蛋壳呈褐色。

8. 仙居鸡(梅林鸡)

仙居鸡(图 2-8)属小型蛋用鸡品种。仙居鸡分黄、花、白等毛色,该品种体型结构紧凑,尾羽高翘,单冠直立,喙短而棕黄,趾黄色,少数胫部有小羽。180 日龄公鸡体重为 1256 克,母鸡为 953 克。开产日龄为 180 天,年产蛋为 160～180 枚,高者可达 200 枚以上,壳色以浅褐色为主。

图 2-7　鹿苑鸡

图 2-8　仙居鸡

9. 泰和鸡(武山乌鸡、丝毛乌骨鸡)

泰和鸡(图 2-9)产于江西省泰和县武山地区。该品种具有白色丝毛、缨头、胡须、紫冠、绿耳、乌骨、乌皮、乌肉、五趾、毛腿等十个特征,性情温驯,体躯短矮,头小,颈短,颌下有须,雄性顶玫瑰圆冠,雌性白色绒珠桑椹冠,皮、肉、筋骨、眼球、舌头和线部都呈黑色。成年公鸡体重约 3.5 千克,母鸡约 1 千克,母鸡开产日龄

150～180 天,产蛋 80～100 枚。

图 2-9 泰和鸡

10. 浦东鸡(九斤黄)

浦东鸡(图 2-10)属肉蛋兼用型品种,体型较大,属慢羽型品种。公鸡羽色有黄胸黄背、红胸红背和黑胸红背三种。母鸡全身黄色,有深浅之分,羽片端部或边缘有黑色斑点,因而形成深麻色或浅麻色。公鸡单冠直立,母鸡冠较小,有时冠齿不清。成年体重公鸡为 3550 克,母鸡为 2840 克。开产日龄平均 208 天,最早 150 天,最迟 294 天。年平均产蛋 130 枚,蛋壳褐色、浅褐色居多。

图 2-10 浦东鸡

11. 狼山鸡

狼山鸡(图 2-11)是我国优良的蛋肉兼用鸡种,原产于江苏省如东县和南通县。狼山鸡羽毛纯黑而发绿色光泽。以体大、产蛋多、肉质好而闻名中外。颈部挺立,尾羽高耸,背呈"U"字形。胸部发达,体高腿长,单冠直立,冠、肉髯、耳叶和脸均为红色,喙和趾为黑色,皮肤白色。成年公鸡体重 4.15 千克,母鸡 3.25 千克。6～8 月龄开始产蛋,年产蛋量 170 枚左右,蛋壳多为红褐色。

图 2-11　狼山鸡

12. 寿光鸡

寿光鸡(图 2-12)原产于山东省寿光县,为历史悠久的蛋肉兼用型地方良种,以产大蛋而著名。寿光鸡头大小适中,单冠,冠、肉髯、耳、脸为红色,眼大有神,虹彩黑、褐色,喙、胫、趾为黑色;皮肤白色,羽毛黑色,闪耀金属光泽。

按体型分大、中两个类型。大型公鸡体重为 3.8 千克,母鸡为 3.1 千克,7～8 月龄开始产蛋,年产蛋 90～100 枚;中型公鸡体重

图 2-12　寿光鸡

为 3.6 千克,母鸡为 2.5 千克,年产蛋 120～150 枚,蛋壳红褐色,厚而致密。

13. 大骨鸡(庄河鸡)

大骨鸡(图 2-13)属蛋肉兼用型,主要分布在辽东半岛。公鸡体羽火红色,尾羽黑色,并发绿色光泽,母鸡多为草黄色。喙、胫、趾多为黄色,也有少量杂色,胸深且广,背宽而长,腹部丰满,腿高粗壮。公鸡平均体重 2.9 千克,最大 6.5 千克;母鸡平均体重 2.3 千克,最大 4.8 千克。180～210 日龄开始产蛋,平均年产蛋量 160 枚。

14. 静宁鸡

静宁鸡(图 2-14)是蛋肉兼用型地方良种,主要分布在甘肃省静宁县及毗邻各县。静宁鸡头昂举,羽尾高耸,胸部发达,背宽而长,胫粗短,羽毛以麻黄色为主。冠、耳叶为红色,皮肤为白色,胫部灰色。成年公鸡体重 1.6～2.8 千克,母鸡 1.5～2.3 千克。年

图 2-13　大骨鸡

图 2-14　静宁鸡

平均产蛋 120～160 枚。

15. 林甸鸡

林甸鸡（图 2-15）主要产于黑龙江省林甸县。头、肉髯、冠均较小,多数为单冠,也有部分毛状冠和玫瑰冠。眼较大,眼周围皮肤呈红色。喙、胫、趾均为黑色或褐色。皮肤为白色。腿较细,少数有胫羽。母鸡羽毛以黑色、深黄色、浅黄色为多,亦有芦花、草白、灰白、灰黄等杂色。公鸡以金黄或金红色居多。公鸡体重平均1.74千克,母鸡1.27千克。成熟期8～9月龄,年平均产蛋量为70～90枚,蛋壳为浅褐色或褐色。

图 2-15　林甸鸡

16. 边鸡

边鸡(图 2-16)主要产于内蒙古自治区乌兰察布盟,是肉蛋兼用型地方良种。边鸡体型中等,身躯宽深,肌肉丰满。多单冠,冠形小,喙黑褐、黄色,胫多呈黑色,少数肉色、灰色。羽毛蓬松,主尾羽不发达,呈下垂状软羽,母鸡多麻黄色,公鸡为红黑色。成年公鸡体重平均2.2千克,母鸡1.8千克。240～270日龄开始产蛋,年产蛋 100 枚左右。

17. 卢氏鸡

卢氏鸡(图 2-17)属小型蛋肉兼用型鸡种,体型结实紧凑,后躯发育良好,羽毛紧贴,颈细长,背平直,翅紧贴,尾翘起,腿较长,

图 2-16　边鸡

图 2-17　卢氏鸡

冠型以单冠居多，少数凤冠。喙以青色为主，黄色及粉色较少。胫多为青色。公鸡羽色以红黑为主，其次是白色及黄色。母鸡以麻色为多，分为黄麻、黑麻和红麻，其次是白鸡和黑鸡。成年鸡体重：公鸡 1700 克，母鸡 1110 克。开产日龄 170 天，年产蛋 110～150枚，蛋壳呈红褐色和青色。

18. 江汉鸡(土鸡、麻鸡)

江汉鸡(图 2-18)属蛋肉兼用型鸡种。体型矮小、身长胫短，后躯发育良好。公鸡头大，呈长方形；多为单冠、直立、呈鲜红色；虹彩多为橙红色；肩背羽毛多为金黄色，镰羽发达，呈黑色发绿光。母鸡头小，单冠，有时倒向一侧；羽毛多为黄麻色或褐麻色，尾羽多斜立；喙、胫有青色和黄色两种。成年鸡体重：公鸡 1765 克，母鸡 1380 克；年产蛋量 162 枚，蛋壳多为褐色，少数白色。

图 2-18　江汉鸡

19. 霞烟鸡(原名下烟鸡，又名肥种鸡)

霞烟鸡(图 2-19)属肉用型鸡种。体躯短圆，腹部丰满，胸宽、胸深与骨盆宽三者相近，外形呈方形。公鸡羽毛黄红色，颈羽颜色较胸背羽为深，主、副翼羽带黑斑或白斑，有些公鸡鞍羽和镰羽有极浅的横斑纹，尾羽不发达；性成熟的公鸡腹部皮肤多呈红色。母鸡羽毛黄色；单冠；肉垂、耳叶均鲜红色；虹彩橘红色；喙基部深褐色，喙尖浅黄色；胫黄色或白色；皮肤黄色或白色。成年鸡体重：公鸡 2500 克，母鸡 1800 克。开产日龄 170～180 天，年产蛋 140～150 枚，蛋壳呈浅褐色。

23

图 2-19　霞烟鸡

20. 陕北鸡

陕北鸡（图 2-20）偏向于蛋用型鸡种。体型紧凑，羽毛紧贴。单冠居多，也有玫瑰冠与豆冠。白羽鸡居多，次为芦花羽、黄羽、黑羽与麻羽鸡。大部分鸡的皮肤为白色，少数为黄色。虹彩多黄褐色，喙多为灰白色及黑褐色，胫大部分灰色。成年鸡体重：公鸡1890 克，母鸡 1680 克。开产日龄 225 天，年产蛋 125 枚，蛋壳为白色和浅褐色。

图 2-20　陕北鸡

21. 清远鸡

清远鸡(图 2-21)是广东省地方良种。体型特征可概括为"一楔"、"二细"、"三麻身"。"一楔"指母鸡体型像楔形,前躯紧凑,后躯圆大;"二细"指头细、脚细;"三麻身"指母鸡背羽主要有麻黄、麻棕、麻褐三种颜色。公鸡头部、背部的羽毛金黄色,胸羽、腹羽、尾羽及主翼羽黑色,肩羽、鞍羽枣红色。母鸡头部和颈前 1/3 的羽毛呈深黄色,背部羽毛分黄、棕、褐三色,有黑色斑点,形成麻黄、麻棕、麻褐三种。单冠直立,喙、胫呈黄色,虹彩橙黄色。成年公鸡体重 2180 克,母鸡 1750 克。开产日龄 150～210 天,年产蛋 78 枚,蛋重 47 克,蛋壳呈浅褐色。

图 2-21 清远鸡

22. 中山沙栏鸡

中山沙栏鸡(图 2-22)属中小型鸡种。该鸡头大小适中,多为直立单冠,体躯丰满,胸肌发达。公鸡多为黄色和枣红色,母鸡多为黄色和麻色。胫部颜色有黄色、白玉色之分,以黄色居多,皮肤有黄、白玉色,以白玉色居多。成年公鸡体重 2150 克,母鸡 1550克。开产日龄 150～180 天,年产蛋 70～90 枚,蛋重 45 克,蛋壳呈褐色或浅褐色。

图 2-22 中山沙栏鸡

23. 杏花鸡

杏花鸡（图 2-23）又称"米仔鸡"，产于广东封开县。该鸡结构匀称，体质结实，被毛紧凑，前躯窄，后躯宽。其体型特征可概括为"两细"（头细、脚细）、"三黄"（羽黄、皮黄、胫黄）、"三短"（颈短、体躯短、脚短）。雏鸡以"三黄"为主，全身绒羽淡黄色。公鸡头大，冠大直立，冠、耳叶及肉垂鲜红色；虹彩橙黄色；羽毛黄色略带金红色，主翼羽和尾羽有黑色；胫黄色。母鸡头小，喙短而黄；单冠，冠、耳叶及肉垂红色；虹彩橙黄色。体羽黄色或浅黄色，颈基部羽多有黑斑点（称"芝麻点"），形似项链。主、副翼羽的内侧多呈黑色，尾羽多数有几根黑羽。成年公鸡体重 1950 克，母鸡 1590 克。150日龄 30% 开产，年平均产蛋为 95 枚，蛋重 45 克左右，蛋壳褐色。

24. 阳山鸡

阳山鸡（图 2-24）因主产于广东省阳山县而得名。体型呈长方形，胸深而体躯长，背平。头稍大，脚高，四趾、喙黄，皮肤黄，脚

图 2-23　杏花鸡

图 2-24　阳山鸡

黄,单冠直立,冠、肉垂、耳略大,呈深红色,虹彩金黄色。按体型、羽色分为大、中、小三型,大型鸡羽毛深黄色;中型鸡麻花色;小型鸡浅黄色。成年公鸡体重 2350 克,母鸡 1950 克。开产日龄 180 天,年产蛋 110 枚,蛋重 44 克,蛋壳为米黄色。

25. 桃源鸡

桃源鸡(图 2-25)主产于湖南省桃源县中部,属地方鸡种,以其体型高大而驰名,故又称桃源大种鸡。该品种具有个体大、肉质细嫩、肉味鲜美、产肉性能较好等特性。桃源鸡体格高大,体型结实,羽毛蓬松,体躯稍长,呈长方形。公鸡姿态雄伟,头颈高昂,尾羽上翘,侧视呈"V"字形。母鸡体稍高,背长而平直,后躯深圆,近似方形。公鸡头部大小适中,单冠直立。母鸡头清秀,冠大倒向一侧。耳叶、肉垂发达,呈鲜红色。尾羽长出较迟,未长齐时尾部呈半圆佛手状,长齐后尾羽上翘。公鸡体羽呈金黄色或红色,主翼羽和尾羽呈黑色,梳羽金黄色或间有黑斑。母鸡羽色为黄色或麻色两类。喙、胫呈青灰色,皮肤白色。成年公鸡体重 3340 克,母鸡2940 克。开产日龄平均为 195 天,年产蛋 86 枚,平均蛋重 53.39克,蛋壳为浅褐色。

图 2-25　桃源鸡

26. 怀乡鸡

怀乡鸡(图 2-26)产于广东省,分大、小两型。大型体大、骨粗、脚高。小型鸡体小、骨细、脚矮。单冠直立,喙呈黄褐色,耳垂、肉髯鲜红色,虹彩橙红色。公鸡羽色鲜艳,头颈羽毛金黄色,全身羽毛黄色,主翼羽和副主翼羽黑色或带黑点,尾羽有短尾羽和长尾羽两种类型。母鸡羽毛多为全身黄色,主翼羽和尾羽呈黑色或不完全的黑色。胫、趾呈黄色。成年公鸡体重 1770 克,母鸡 1720克。开产日龄 150～180 天,年产蛋 80 枚,蛋重 43 克,蛋壳呈浅褐色。

图 2-26　怀乡鸡

27. 萧山鸡

萧山鸡(图 2-27)原产地是浙江省萧山县,又名"越鸡"、"沙地大种鸡",是我国优良的肉蛋兼用型品种,素以体型健硕,肉质鲜美而闻名,深受消费者青睐。体型较大,外形近似方而浑圆,公鸡羽毛紧凑,头昂尾翘。单冠红色、直立。肉垂、耳叶红色,虹彩橙黄色。全身羽毛有红、黄两种,母鸡全身羽毛以黄色为主,有部分麻栗色。喙、胫黄色。成年公鸡体重 2758 克,母鸡 1940 克。开产日龄 180 天,年产蛋 141 枚,蛋重 57 克,蛋壳呈褐色。

28. 惠阳鸡

惠阳鸡(图 2-28)原产于广东省的博罗、惠阳、惠东、龙门等

图 2-27　萧山鸡

图 2-28　惠阳鸡

地，又名三黄胡须鸡、龙岗鸡、龙门鸡、惠州鸡，属小型肉用鸡种。该鸡肉质鲜美、皮脆骨细、鸡味浓郁、肥育性能良好，在港澳活鸡市场久负盛誉。该鸡胸深背短，后躯丰满，黄喙、黄羽，黄脚，其额下有发达而张开的细羽毛，状似胡须。头稍大，单冠直立，无肉髯或仅有很小的肉垂。皮肤淡黄色，毛孔浅而细，屠宰去毛后皮质细而光滑。成年公鸡体重 2228 克，母鸡 1601 克。开产日龄 150 天，年产蛋 108 枚,蛋重 46 克,蛋壳呈浅褐色或乳白色。

29. 彭县黄鸡

彭县黄鸡(图 2-29)属蛋肉兼用型鸡种,是四川省优良鸡种之一,主产于成都市的彭县及其附近县份。体型浑圆,体格中等大小。多数鸡单冠,极少数鸡豆冠。冠、耳叶红色,虹彩橙黄色,喙白色或浅褐色。皮肤、胫白色,少数鸡呈黑色,极少数鸡有胫羽。公鸡除主翼羽有部分黑羽或者羽片半边黑色、镰羽黑色或黑羽兼有黄羽、斑羽外,全身羽毛黄红色。母鸡有深黄、浅黄和麻黄三种羽色。成年公鸡体重 3950 克,母鸡 1880 克。50%开产日龄 216 天,年产蛋 140~150 枚,蛋重 54 克,蛋壳呈浅褐色。

图 2-29 彭县黄鸡

30. 白耳黄鸡

白耳黄鸡(图 2-30)又名白耳银鸡、江山白耳鸡、上饶白耳鸡,主产于江西上饶地区广丰、上饶、玉山三县和浙江的江山市,属我国稀有的蛋肉兼用早熟鸡种。黄羽、黄喙、黄脚、白耳。单冠直立,耳垂大,呈银白色,虹彩金黄色,喙略弯,黄色或灰黄色,全身羽毛黄色,大镰羽不发达,黑色呈绿色光泽,小镰羽橘红色。皮肤和胫部呈黄色,无胫羽。成年公鸡体重 1450 克,母鸡 1190 克。开产日龄 152 天,年产蛋 184 枚,蛋重 55 克,蛋壳呈深褐色。

图 2-30　白耳黄鸡

31. 康乐鸡

康乐鸡(图 2-31)产于江西省宜春市万载县,属蛋肉兼用型鸡种。喙黄、脚黄、皮毛黄为主要特征。母鸡头清秀,虹彩橘黄色,单冠直立,颜色鲜红,肉垂中等大小,红色,耳叶红色。公鸡羽毛呈棕黄色或红棕色,尾翘呈"U"形,有 10～15 根墨绿色尾羽。成年公鸡体重 1875 克,母鸡 1426 克。开产日龄 170 天,年产蛋 180 枚,蛋重 49 克。蛋壳呈浅褐色。

32. 灵昆鸡

灵昆鸡(图 2-32)产于浙江省温州市,属蛋肉兼用型鸡种。体躯呈长方形,多数鸡具"三黄"的特点。按外貌可分平头与蓬头(后者头顶有一小撮突起的绒毛)两种类型,多数鸡有胫羽。公鸡全身羽毛红黄或栗黄色,有光彩,颈、翼、背颜色较深,主翼羽间有几片

图 2-31　康乐鸡

黑羽,单冠直立,虹彩黄色。母鸡羽毛淡黄或栗黄色,单冠直立,有的倒向一侧。冠、髯、脸均红色。喙、胫、皮肤黄色。成年公鸡体重3000 克,母鸡 2000 克。开产日龄 150～180 天,年产蛋 130～160枚,蛋重 57 克,蛋壳呈深褐色。

图 2-32　灵昆鸡

33. 坝上长尾鸡

坝上长尾鸡(图 2-33)产于河北省坝上地区,张北、沽源、康保及尚义、丰宁、围场等县部分地区,偏向于蛋用型鸡种。头中等大,颈较短、背宽、体躯较长,尾羽高翘、背线呈"V"形。全身羽毛较长,羽层松厚。母鸡按羽毛颜色可分为麻、黑、白和白花四种羽色,其中以麻羽为主。麻鸡的颈羽、肩羽、鞍羽等主要由镶边羽构成,羽片基本呈黑褐相间的雀斑。公鸡羽色以红色居多,约占 80%。尾羽较长,公鸡的镰羽约长 40～50 厘米,长尾鸡便由此得名。冠型以单冠居多,草莓冠次之,玫瑰冠和豆冠最少。成年公鸡体重1800 克,母鸡 1240 克。开产日龄 270 天,年产蛋 100～120 枚,蛋重 54 克,蛋壳呈深褐色。

图 2-33　坝上长尾鸡

34. 黄郎鸡

黄郎鸡(图 2-34)又名湘黄鸡,产于湖南省湘江流域和京广线的衡东、衡南、衡山和永兴、桂东、浏阳等县,属蛋肉兼用型鸡种。体型矮小,体质结实,体躯稍短呈椭圆形。单冠直立,虹彩呈橘黄色。公鸡羽毛为金黄色和淡黄色,母鸡全身羽毛为淡黄色。喙、胫、皮肤多为黄色,少数喙、胫为青色。成年公鸡体重 1460 克,母鸡 1280 克。开产日龄 170 天,年产蛋 160 枚,蛋重 41 克,蛋壳多为浅褐色。

图 2-34　黄郎鸡

第三章 场址选择与放养环境

果园、山林散养土鸡分为圈养育雏和散养两个阶段。育雏阶段必须在育雏舍内圈养至少 5 周,雏鸡脱温后再进行散养。因此,圈养期和散养期的地址要分别选择。

第一节 场址的选择

一、圈养期的场址选择

自行孵化圈养育雏就需要进行孵化室和育雏舍场址的选择与建造,购买雏鸡的除可省略孵化室的建造外,育雏舍的选址及建造也更灵活,但新选址时要选在地势较高、干燥平坦、排水良好、背风向阳或稍有缓坡的地方,鸡舍坐北朝南。建鸡场的地方,要求土质的透气、透水性能好,抗压性强,以沙壤土为好。水源要充足,水质良好,无异臭或异味,保证有充足的电源。

拟建场地的环境及附近的兽医防疫条件的好坏是影响鸡场成

败的关键因素之一,特别注意不要在土质被传染病或寄生虫、病原体所污染的地方和旧鸡场上建场或扩建。为有利于鸡场环境控制,鸡场应离铁路、主要交通干线、车辆来往频繁的地方在 500 米以上,距次级公路也应有 100～200 米的距离。为了防止畜禽共患疾病的互相传染,有利于环境保护,鸡场应远离居民区 500 米以上,也不应在有公害的地区建鸡场。

二、散养期的场址选择

果园、山林养鸡就是充分利用果园、山林等,因陋就简,搭盖一定量的简易鸡棚,在果园、山林内进行放养为主与舍饲为辅的一种饲养模式。雏鸡一般在鸡舍内育雏、饲养,待脱温后至出栏的大部分时间在果园、山林内放养,白天采食草、虫、沙粒等,夜间回鸡舍憩息。

1. 位置

(1)园地选择:园地最好远离人口密集区,地势平坦、日照时间长,易防敌害和传染病,树龄以 3～5 年生为佳。园地周围要用渔网或纤维网隔离,以便管理,园内要设有清洁、充足的水源,以满足鸡饮水需要。适宜养殖的园地有竹园、果园、茶园、桑园等,要求地势高燥、避风向阳、环境安静、饮水方便、无污染、无兽害。

(2)山地、草坡:为避免污染,山地必须远离住宅区、工矿区和主干道路。环境僻静安宁、空气洁净。最好是灌木林、荆棘林、阔叶林等,其坡度不宜过大,坡度以低于 30°最佳,丘陵山地更适宜。附近有无污染的小溪、池塘等清洁水源。

(3)经济林选择:经济林分布范围比较广,树的品种多,有幼龄、成龄的宽叶林、针叶林、乔木、灌木等。夏天宜安排在乔木林、宽叶林、常绿林、成龄树园中;冬天则安排在落叶、幼龄树林为好,以刚刚栽下的 1～3 年的各种经济林为好。

林地养鸡，必须选择林隙合适、林冠较稀疏、冠层较高（5 米以上）、郁闭度在 0.5～0.6 的林分，透光和通气性能较好，而且林地杂草和昆虫较丰富，有利于鸡苗的生长和发育。郁闭度大于 0.8 或小于 0.3 时，均不利于鸡苗生长。据调查，南方家庭式小养鸡场设在桉树林内，其他林分如相思林、灌木林、杂木林等因枝叶过于茂密，遮阴度大，不适合林地养鸡。另外，橡胶林内也是很好的养鸡场所。目前橡胶多采取宽行密株经营方式，虽然树冠浓密，透光度小，但行距大，树冠高（3 米以上），林内宽隙较大。许多农场工人在橡胶林内办养鸡场，也获得良好效果。部分省市群众则在马尾松林等林内养殖，也很成功。

经济林养鸡主要是利用树木和阳光的关系，给鸡创造一个比较适宜的生长环境。

（4）大田选择：所谓大田散养，就是雏鸡脱温后，散养于田间，让其自由觅食。大田养鸡也是一项节粮、省工、省钱的饲养方法。大田最好选择地势高燥、避风向阳、环境安静、饮水方便、无污染、无兽害的大田。大田空气流通、空间大，鸡的运动量大，防疫能力增强，很少生病；害虫都让鸡吃光了，作物也不用喷药防虫了，而且鸡粪增强了土地肥力，促进作物增产。大田散养一般选择高秆作物的地块。

（5）其他：如利用河滩、荒坡等自然环境散养。

2. 水源

每只成年鸡每天的饮水量平均为 300 毫升，在气候温和的季节里，鸡的饮水量通常为采食饲料量的 2～3 倍，寒冷季节约为采食饲料量的 1.5 倍，炎热季节饮水量显著增加，可达采食饲料量的 4～6 倍。因此，散养鸡场必须要有可靠、充足的水源，并且位置适宜，水质良好，便于取用和防护。最理想的水源是深层地下水，一是无污染,二是相对"冬暖夏凉"。地面水源包括江水、河水、塘水等,其水量随气候和季节变化较大,有机物含量多,水质不稳定,多受污染,要经过消毒处理后使用。

3. 环境条件

要求散养场地周围30千米范围内没有大的污染源。

第二节　养殖场规划

一、圈养期的场地规划

圈养期鸡场主要分场前区、生产区及隔离区等。场地规划时,主要考虑人、禽卫生防疫和工作方便,根据场地地势和当地全年主风向,顺序安排各区。对鸡场进行总平面布置时,主要考虑卫生防疫和工艺流程两大因素。场前区中的生活区应设在全场的上风向和地势较高的地段,然后是生产技术管理区。生产区设在这些区的下风向和较低处,但应高于隔离区,并在其上风向。

1. 场前区

包括技术办公室、饲料加工及料库、车库、杂品库、更衣消毒、配电房、宿舍、食堂等,是担负鸡场经营管理和对外联系的场区,应设在与外界联系方便的位置。大门前设车辆消毒池,两侧设门卫和消毒更衣室。

场前区孵化的雏鸡若还用于销售,因供销运输与外界联系频繁,容易传播疾病,故场外运输应严格与场内运输分开。负责场外运输的车辆严禁进入生产区,其车棚、车库也应设在场前区。

场前区、生产区应加以隔离，外来人员最好限于在场前区活动，不得随意进入生产区。

2. 孵化室

宜建在靠近场前区的入口处，大型养殖场最好单设孵化场，宜设在养殖场专用道路的入口处，小型养殖场也应在孵化室周围设围墙或隔离绿化带。

3. 育雏舍

无论是专业性还是综合性养殖，为保证防疫安全，禽舍的布局根据主风方向与地势，应当按孵化室、幼雏舍排列，这样能减少发病机会。育雏舍应与孵化室及散养场地相距在100米以上，距离大些更好。在有条件时，最好另设分场，专门孵化及饲养幼雏，以防交叉感染。

4. 饲料加工、储藏库

饲料加工储藏库应接近禽舍，交通方便，但又要与禽舍有一定的距离，以利于禽舍的卫生防疫。

5. 道路

生产区的道路应净道和污道分开，以利卫生防疫。净道用于生产联系和运送饲料、产品，污道用于运送粪便污物、病鸡和死鸡。场外的道路不能与生产区的道路直接相通，场前区与隔离区应分别设与场外相通的道路。

6. 养鸡场的排水

排水设施是为排出场区雨、雪水，保持场地干燥、卫生而设置。一般可在道路一侧或两侧设明沟，沟壁、沟底可砌砖、石，也可将土夯实做成梯形或三角形断面，再结合绿化护坡，以防塌陷。如果鸡场场地本身坡度较大，也可以采取地面自由排水，但不宜与舍内排水系统的管沟通用。隔离区要有单独的下水道将污水排至场外的污水处理设施。

二、散养期的场地规划

土鸡散养的主要目的是提高鸡肉的品质和鸡蛋的香味,让土鸡只在外界环境中采食虫草和其他可食之物,每过一段时间后,散养地的虫草会被鸡食完,因此应预先将散养地根据散养土鸡的数量和散养时间的长短及散养季节划分成多片散养区域,用围网分区围起来定期轮牧,一片散养1~2周后,赶到另一个分区内散养,让已采食过的散养小片区休养生息,恢复植被后再散养,使鸡只在整个散养期都有可食的虫草等物。为了保证散养土鸡有充足的青绿饲料,可预先在散养地种植一些可供鸡食用的青绿植物。

这里必须强调的是,鸡是采食能力很强的动物,大规模、高密度的鸡群需要充分的食物供应,否则会对散养殖场所的生态环境产生很大危害。因此,必须认识到散养环境中的天然饵料的供应是相对有限的,及时注意加强饲料投放,采取合理的饲养密度和轮牧措施。否则,不仅影响鸡群的正常生长发育,而且会对散养环境中的植被、作物、树木产生很大破坏。

第三节 养殖场建设

一、孵化场的建设

雏鸡要是自行孵化,则需建孵化场,若购买雏鸡则不需建设孵化场。

1. 孵化室的要求

雏鸡孵化若不用于销售，根据种蛋来源及数量，可散养的鸡数量、孵化批次、孵化间隔、每批孵化量确定孵化形式、孵化室、出雏室及其他各室的面积。孵化室和出雏室面积，还应根据孵化器类型、尺寸、台数和留有足够的操作面积来确定。

（1）孵化厅、场空间：若采用机器孵化，孵化场用房的墙壁、地面和天花板，应选用防火、防潮和便于冲洗的材料。孵化场各室（尤其是孵化室和出雏室）最好为无柱结构，以便更合理安装孵化设备和操作。门高 2.4 米左右，宽 1.2～1.5 米，以利种蛋和蛋架车等的输运。地面至天花板高 3.4～3.8 米。孵化室与出雏室之间应设缓冲间，既便于孵化操作，又利于防疫。

孵化厅的地面要求坚实、耐冲洗，可采用水泥或地板块等地面。孵化设备前沿应开设排水沟，上盖铁栅栏（横栅条，以便车轮垂直通过）与地面保持平整。

（2）孵化厅的温度与湿度：环境温度应保持在 22～27 ℃，环境相对湿度应保持在 60%～80%。

（3）孵化厅的通风：孵化厅应有很好的排气设施，目的是将孵化机中排出的高温废气排出室外，避免废气的重复使用。为向孵化厅补充足够的新鲜空气，在自然通风量不足的情况下，应安装进气巷道和进气风机，新鲜空气最好经空调设备升（降）温后进入室内，总进气量应大于排气量。

（4）孵化厅的供水：加湿、冷却的用水必须是清洁的软水，禁用镁、钙含量较高的硬水。供水系统接头（阀门）一般应设置在孵化机后或其他方便处。

（5）孵化厅的供电：要有充足的供电保证，并按说明书安装孵化设备；每台机器应与电源单独连接，安装保险，总电源各相线的负载应基本保持平衡;经常停电的地区建议安装备用发电机,供停电时使用;一定要安装避雷装置,同时避雷地线要埋入地下 1.5～2.0 米深。

2. 种蛋库的要求

种蛋库用于存放鸡的种蛋,要求有良好的通风条件以及良好的保温和隔热降温性能,库内温度宜保持在 10～20 ℃。种蛋库内要防止蚊、蝇、鼠和鸟的进入。种蛋库的室内面积以足够在种蛋高峰期放置蛋盘,并操作方便为度。

3. 孵化机的类型

孵化机的类型多种多样。按供热方式可分为电热式、水电热式、水热式等;按箱体结构可分为箱式(有拼装式和整装式两种)和巷道式;按放蛋层次可分为平面式和立体式;按通风方式可分为自然通风式和强力通风式。

孵化机类型的选择主要应根据生产条件来决定,在电源充足稳定的地区以选择电热箱式或巷道式孵化机为最理想。拼装式、箱式孵化机安装拆卸方便;整装箱式孵化机箱体牢固,保温性能较好;巷道式孵化机孵化量大,多为大型孵化厂采用。因此,在购买时要根据自己的实际应用情况向卖家进行相关的咨询。

4. 孵化配套设备

(1)发电机:用于停电时的发电。

(2)水处理设备:孵化场用水量大,水质要求高,水中含矿物质等沉淀物易堵塞加湿器,须有过滤或软化水的设备。

(3)运输设备:用于孵化场内运输蛋箱、雏盒、蛋盘、种蛋和雏鸡。

(4)照蛋器:是用来检查种蛋受精与否及鸡胚发育进度的用具。目前生产的手持式照蛋器,使用时灯光照射方向与手把垂直,控制开关就在手把上。

（5）冲洗消毒设备：一般采用高压水枪清洗地面、墙壁及设备。目前有多种型号的冲洗设备，如喷射式清洗机很适于孵化场的冲洗作业，它可转换成 3 种不同压力的水柱："硬雾"用于冲洗地面、墙壁、出雏盘和架车式蛋盘车、出雏车及其他车辆；"中雾"用于冲洗孵化器外壳、出雏盘和孵化蛋盘；"软雾"冲洗入孵器和出雏器内部。

（6）鸡蛋孵化专用蛋盘和蛋车。

（7）其他设备：移盘设备；连续注射器；专用的雏鸡盒（可用雏鸡盒代替）等。

二、圈养期的场舍建筑、设备

1. 育雏舍的形式

育雏舍专门饲养脱温前的雏鸡（0～5 周龄），这阶段要供温，室温要求达到 20～35 ℃且保温性能好，有一定的通风条件。育雏舍的面积根据饲养量确定，采取网上育雏的，以每平方米 40～50 只雏鸡计算，饲养数量多，应分小区饲养，每群可掌握在 1000 只左右。

（1）塑料大棚育雏室：建一个 100 平方米塑料大棚，需 8 丝长寿薄膜 17 千克，直径 2～4 厘米、长 4～5 米竹竿 100 根，立柱 27 根，砖 800 块，适量聚丙乙烯细绳、铁丝、稻草或竹排等。育雏室东西走向，两侧垒山墙，山墙下开门，门上留通气孔。一般长 20 米，宽 5 米，高 1.8～2.0 米，呈拱形，底角 60°，天角 20°。棚顶建 2～3 个40～50 厘米可关闭的天窗。

大棚组装时用直径 2～4 厘米、长 4～5 米竹竿两根对接绑牢变成弧形起拱，两拱间 50 厘米，全棚 39 拱，全拱用 8 根竹竿连接，拱顶2根绑在一起,两侧各3根,与拱用铁丝绑紧支成棚架形成一整体。为使棚架牢固,拱下每隔2米由3根立柱支撑,顶牢后用铁丝绑紧。薄膜长21米,宽7米,提前按规格粘好,盖膜时选无风天气,将膜直接搭在棚架上,膜外压一张竹排,每根之间10～15厘米,每根拴2～3道尼龙细绳。在内竹排外加盖一层稻草,再压上同样的竹排(也可用尼龙网代替)。为防竹排上稻草滑下,外竹排起压紧作用。竹排距棚两边地面90厘米,把露出牵绳拴在棚两边地锚铁丝上,棚两侧薄膜内面拉上90厘米高的护网。鸡舍也可利用现成的蔬菜尼龙大棚。

(2)砖舍育雏室:砖舍育雏室多采用开放式鸡舍,最常见的形式是四面有墙、南墙留大窗户、北墙留小窗户的有窗鸡舍。这类鸡舍全部或大部分靠自然通风、自然光照,舍内温、湿度基本上随季节的变化而变化。由于自然通风和光照有限,在生产管理上这类鸡舍常增设通风和光照设备,以补充自然条件下通风和光照的不足。若新建育雏舍要求离其他鸡舍的距离至少应有100米,坐北朝南,南北宽5米,面积按每1000只鸡10平方米计算。利用农舍、库房等改建育雏舍,必须做到通风、保温。一般旧的农舍较矮,窗户小,通风性能差。改建时应将窗户改大,或在北墙开窗,增加通风和采光。各部分具体要求如下:

①地基:地基指墙突入地面的部分,是墙的延续和支撑,决定了墙和鸡舍的坚固和稳定性,主要作用是承载重量。要求基础要坚固、抗震、抗冻、耐久,应比墙宽10～15厘米,深度为50厘米左右,根据鸡舍的总重量、地基的承载力、土层的冻胀程度及地下水情况确定基础的深度,基础材料多用石料、混凝土预制或砖。如地基属于黏土类,由于黏土的承重能力差,抗压性不强,加强基础处理,基础应设置得深厚一些。

②墙壁:墙是鸡舍的主要结构,具有承重、隔离和保温隔热的功能,对舍内的温度、湿度状况保持起重要作用(散热量占35%～

40%）。墙体的多少、有无,主要决定于鸡舍的类型和当地的气候条件。要求墙体坚固、耐久、抗震、耐水、防火,结构简单,便于清扫消毒,要有良好的保温隔热性能和防潮能力。墙体材料可用砖砌或用泡沫板。砖砌厚度为24厘米,如要增加承重能力,可以把房梁下的墙砌成37厘米。泡沫板厚度为10厘米。

③门、窗:门、窗的大小关系到采光、通风和保暖,育雏舍的门、窗面积较大,窗地面的高度为50厘米,高1.2～1.8米,宽1.8～2.0米。窗的面积为地面面积的15%～20%。

鸡舍的门高为2米并设在一头或两头,宽度以便于生产操作为准,一般单扇门宽1米,双扇门宽1.6米。

④排气孔:每间设一直径15厘米的排气孔,棚内长度至少3米,且排气孔的两端采用弯头,冬季舍内安装弯头,夏季取下。

⑤屋顶的式样:屋顶具有防水、防风沙、保温隔热的作用。屋顶的形式主要有坡屋顶、平屋顶、拱形屋顶,炎热地区用气楼式(两窗户中间安装一个80厘米×80厘米的带盖天窗)和半气楼式屋顶。要求屋顶防水、保温、耐久、耐火、光滑、不透气,能够承受一定的重量,结构简便,造价便宜。

屋顶高度一般净高3.0～3.5米(墙高2米,屋顶架高1.5米),严寒地区为2.4～2.7米。如是高床式鸡舍,鸡舍走道距大梁的高度应达到2米以上,避免饲养管理人员工作时碰头或影响工作。屋顶材料多种多样,有水泥预制屋顶、瓦屋顶、石棉瓦和钢板瓦屋顶等。石棉瓦和钢板瓦屋顶内面要铺设隔热层,提高保温隔热性能。简便的天棚是在屋梁下钉一层塑料布。

⑥地面:地面结构和质量不仅影响鸡舍内的小气候、卫生状况,还会影响鸡体及产品的清洁,甚至影响鸡的健康及生产力。要求鸡舍的地面高出舍外地面至少30厘米,平坦、干燥,有一定坡度,以便舍内污水的顺利排出。地面和墙裙要用水泥硬化。在潮湿地区修建鸡舍时,混凝土地面下应铺设防水层,防止地下水湿气

上升,保持地面干燥。为了有利于舍内清洗消毒时的排水,中间地面与两边地面之间应有一定的坡度,并设排水通道,舍外要设有30厘米宽排水沟。排水通道要有防鼠及其他动物进入的设施,如铁网等。

⑦鸡舍的跨度:鸡舍的跨度一般为 9～12 米,净宽 8～10 米,过宽不利于通风;鸡舍长度为 50～80 米,每间 3 米。也可根据饲养规模、饲养方式、管理水平等诸多具体情况而定。

⑧鸡舍内人行过道:多设在鸡舍的中间,宽为 1.2 米左右。

2. 育雏方式

(1)网床育雏:采取网上育雏的,以每平方米 40～50 只雏鸡计算,饲养数量多,应将育雏舍分为若干小区,每小区饲养数量掌握在 1000 只左右进行设计。

摆放根据鸡舍的大小,一般每栋鸡舍靠房舍两边摆放 2 个网床,网床离地面 1.0～1.2 米,中间留 1.0～1.2 米的过道。网上平养一般都用手工操作,有条件的可配备自动供水、给料、清粪等机械设备。

网上平养设备一般由竹板、塑料绳(市场有售)或铁丝搭建。

竹竿(板)网上平养网床的搭建是选用 2 厘米左右粗的圆竹竿(板),平排钉在木条上,竹竿间距 2 厘米左右(条板的宽为 2.5～5.0 厘米,间隙为 2.5 厘米),制成竹竿(板)网架床,然后在架床上面铺塑料网,鸡群就可生活在竹竿(板)网床上。

用塑料绳搭建时,采用 6 号塑料绳者绳间距 4 厘米、8 号塑料绳绳间距 5 厘米,地锚深 1 米,用紧线器锁紧。

塑料网片宽度有 2 米、2.5 米、3 米等规格,长度可根据养殖房舍长度选择,网眼可直接采用直径为 1.25 厘米圆形网眼的,这样能保证鸡在最小的时候也能在网床上站稳,不会掉下去,也不会刮伤鸡爪,并且省去了以前在育雏时采用大直径网眼上增加小直网片的麻烦。

网床外缘要建 40～50 厘米高的围栏，防止鸡从网床上掉下来或者跑掉。

（2）垫料育雏：采用地面育雏的垫料选择应根据当地具体条件而定，原则是不霉，不呈粉末状。

鸡舍内铺设垫料，能保持鸡群健康，有助于种蛋的清洁。切短的稻草是良好的垫料，因其两端吸水。为提高稻草作为垫料的利用率，应将其切成 1～2 厘米长为好。其他很多植物产品，只要具备良好的吸水性，均可选作养鸡垫料，如稻谷壳、麦秕、锯木屑、碎玉米、玉米穗芯等。

垫料的使用量应视气温而变，雏鸡群于寒冷气温下饲养，垫料应辅放厚些（5 厘米以上），较暖和季节则垫料厚度可酌减。对于雏鸡垫料形态的选用也很重要，过于干燥又呈粉末状的垫料，其尘埃常导致机械性刺激，是引发呼吸道疾病的原因之一，使用此类垫料时，除应适当增高室内湿度（短时间）外，还应在垫料上适量喷些水。但垫料过于潮湿，同样也不利于鸡的饲养，有可能增加雏鸡球虫病或霉菌病发生的危险。故垫料的物理性质及几何形态也是育雏成败的关键之一，应予以必要的重视。

3. 加温保温设备

雏鸡对温度要求较高，因此鸡舍应有加温设备。加温设备主要有电保温伞、保温箱、红外线灯、煤炉和排烟管道等。通过电热、水暖、气暖、煤炉加热等方式来达到加温保暖目的。采用电热、水暖、气暖，干净卫生，但成本高。用煤炉加热比较脏，容易发生煤气中毒事故。因此，养殖者应当因地制宜地选用经济实惠的供暖设备和方式，以保证达到所需温度。

（1）红外线灯：温暖地区可用红外线灯供热。红外线发热元件主要有两种形式：一种是明发射体，所用灯泡为 250 瓦，一盏 250

瓦红外线灯泡可供100~250只雏鸡保温;另一种是暗发射体,只发出红外线,因此,在使用时应配置照明灯,其功率为180~500瓦或500瓦以上。随着鸡日龄的增加和季节的变化,应逐渐提高灯泡高度或逐渐减少灯泡数量,以逐渐降低温度。炎热的夏季离地面40~50厘米,寒冷的冬季离地面约35厘米。

此法的优点是舍内清洁,垫料干燥,但耗电多,灯泡易损,供电不稳定的地区不宜采用,若与火炉或地下烟道供热方法结合使用效果较好。

(2)电热保温伞:电热保温伞由电源和伞部组成,其工作原理是利用伞部的反射,将电源发出的热量集中反射到地面。通过温度控制系统(控温仪、电子继电器和水银感温导电表等),使温度保持在适宜的范围内,直径为2米的保温伞可育雏300~500只。

电热保温伞育雏的优点是清洁卫生,雏鸡可在伞下自由活动,寻找最适宜的温度区域。若在舍温低的环境下,单独使用电热保温伞育雏,效果并不佳,耗电多且舍温难以控制。

(3)烟道供温:烟道供温有地上水平烟道和地下烟道两种。

地上水平烟道是在育雏室墙外建一个炉灶,根据育雏室面积的大小在室内用砖砌成一个或两个烟道,一端与炉灶相通。烟道排列形式因房舍而定。烟道另一端穿出对侧墙后,沿墙外侧建一个较高的烟囱,烟囱应高出鸡舍1~2米,通过烟道对地面和育雏室空间加温。

地下烟道与地上烟道相比差异不大,只不过室内烟道建在地下,与地面齐平。烟道供温应注意烟道不能漏气,以防煤气中毒。烟道供温时室内空气新鲜,粪便干燥,可减少疾病感染,适用于广大农户养鸡和中小型鸡场。

(4)煤炉供温:煤炉是我国广大农村,特别是北方常用的供暖方式。可用铸铁或铁皮火炉,燃料用煤块、煤球或煤饼均可,用管道将煤烟排出舍外,以免舍内有害气体积聚。保温良好的房舍,每

20～30 平方米设 1 个煤炉即可。

此法适合于各种育雏方式，但若管理不善，舍内空气中烟雾、粉尘较多，在冬季易诱发呼吸道疾病。因此，应注意适当通风，防止煤气中毒。

（5）热水供温：利用锅炉和供热管道将热水送到鸡舍的散热器中，然后提高舍内温度。

此法温度稳定，舍内卫生，但一次投入大，运行成本高。

（6）普通白炽照明灯：普通白炽照明灯也可用来供雏鸡保温，尤其是饲养量较少的情况下，用普通照明灯泡取暖育雏既经济又实用。用木材或纸箱制成长 100 厘米、宽 50 厘米、高 50 厘米的简易育雏箱，在箱的上部开 2 个通气孔，在箱的顶部悬挂两盏 60 瓦的灯泡供热。许多养殖者采用浴霸用的硬质红外线灯泡采暖效果也很好。

（7）热风炉：热风炉是目前应用最多的集中式采暖的一种方式，可采用一个集中的热源（锅炉房或其他热源），将蒸汽或预热后的空气，通过管道输送到舍内，空气温度可以自动控制。

鸡舍采用热风炉采暖，应根据饲养规模确定不同型号的供暖设备。如 210 兆焦热风炉的供暖面积可达 500 平方米，420 兆焦热风炉的供暖面积可达 800～1000 平方米。

4. 雏鸡的喂料器具

雏鸡的喂料设备很多，可分为普通喂料设备和机械喂料设备两大类。对于中小型养鸡者来说，机械喂料设备投资大，管理、维修困难，因此宜采用普通喂料设备手工添料方式，借助手推车装料，一名饲养员可以负担 3000～5000 只鸡的饲养量。普通喂料设备具有取材容易、成本低、便于清洗消毒与维护等优点，深受广大养鸡户的喜爱。

普通喂料设备目前多使用塑料料桶（图 3-1），料桶由上小下大的圆形盛料桶和中央锥形的圆盘状料盘及栅格等组成,可通过吊索调节高度或直接放在网床上。料桶有大、小两种型号,前期用小号,后期用大号,每个桶可供50余只鸡自由采食用。

图 3-1 塑料料桶

自行制作料槽时高低大小至少应有两种规格:3周龄内鸡料槽高4厘米、宽8厘米、长80~100厘米;3周龄以后换用高6厘米、宽8~10厘米、长100厘米左右的料槽;8周龄以上,随鸡龄增长可以将料槽相应地垫起使料槽高度与鸡背高相同即可。

需要注意的是,料桶容量小,供料次数和供料点多,可刺激食欲,有利于鸡的采食和增重;料桶容量大,可以减少喂料次数和对鸡群的干扰,但由于供料点少,造成采食不均匀,将会影响鸡群的整齐度。

5. 饮水器具

有真空饮水器、钟形饮水器、乳头式饮水器(图 3-2)、水槽、水盆等,大多由塑料制成,水槽也可用木、竹等材料制成。

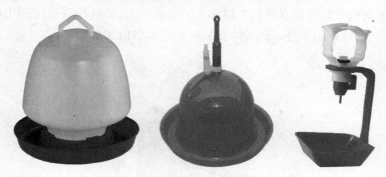

图 3-2　饮水器具

6. 通风换气设备

冬季为了保持良好的空气;夏季为了防暑降温及排除湿气,一般均采用机械设备进行通风。通常,空气由前窗户进入鸡舍,由后墙窗户排出,造成空气对流,以达到通风换气的目的。在冬季窗户关闭,或夏季无风、空气对流缓慢时,舍内空气污浊,则需另外装置通风设施,目前常采用风扇通风。可在鸡舍后墙装上风扇,使经前窗进入的空气由风扇排出。良好的通风应是进入鸡舍的空气量与排出鸡舍的空气量相等。而排出的空气量又视鸡舍内鸡只数量体重及气温高低而定。鸡舍的进出风量稍大于进入的风量(负压通风),以达到最佳的换气效果。气流的流动,带走了周围的热量,达到了降温的效果;但是在使用机械通风时,要避免进入鸡舍的气流直接吹向鸡群。

7. 饲料加工设备

许多人认为,散养土鸡必须饲喂原粮,但从实际的效果来看,饲喂原粮除省去饲料加工的环节外,鸡的增重效果不是很理想。因此,高效益的养殖生产,还需采用配合饲料,各养鸡场应备有饲料粉碎机和饲料混合机,在喂饲之前对不同饲料原料进行粉碎、混合。

8. 捕捉网、钩

捉鸡网是用铁丝制成一个圆圈,上面用线绳结成一个浅网,后面连接上一个木柄,适于捕捉鸡只。

捕捉钩是用铁丝弯成"?"形后,安装在木柄上用于捕捉时钩鸡脚。

9. 清洗消毒设施

为做好鸡场的卫生防疫工作,保证鸡只健康,鸡场必须有完善的清洗消毒设施,包括人员、车辆的清洗消毒和舍内环境的清洗消毒设施。

(1)人员的清洗、消毒设施:一般在鸡场入口处设有人员脚踏消毒池,外来人员和本场人员在进入场区前都应经过消毒池对鞋进行消毒。同时还要放洗手盆,里面放消毒水,出入鸡舍要消毒洗手,还应备有在鸡舍内穿戴的防疫服、防疫帽、防疫鞋等。条件不具备者,可用穿旧的衣服等代替,清洗干净消毒后专门在鸡舍内穿用。

(2)车辆的清洗消毒设施:鸡场的入口处设置车辆消毒设施,主要包括车轮清洗消毒池和车身冲洗喷淋机。

(3)场内清洗、消毒设施:舍内地面、墙面、屋顶及空气的消毒多用喷雾消毒和熏蒸消毒。喷雾消毒采用的喷雾器有背式、手提式、固定式和车式高压消毒器;熏蒸消毒采用熏蒸盆,熏蒸盆最好采用陶瓷盆,切忌用塑料盆,以防火灾发生。

10. 其他用具

(1)照明设备:饲养雏鸡一般用普通电灯泡照明,灯泡以 15 瓦和 40 瓦为宜,1～6 日龄用 40 瓦灯泡,7 日龄后用 15 瓦灯泡。每

20平方米使用1个,灯泡高度以1.5～2.0米为宜。若采用日光灯和节能灯可节约用电量50%以上。

(2)幼雏转运箱:可用纸箱或塑料筐代替,一般高度不低于25厘米,如果一个箱的面积较大,可分隔成若干小方块。也可以用木板自己制作,一般长40厘米,宽30厘米,高25厘米。在转运箱的四周钻上通风孔,以增加箱内的空气流通。

(3)运输设备:孵化场应配备一些平板四轮或两轮手推车,运送蛋箱、雏鸡盒、蛋箱及种蛋。

(4)清扫用具:扫帚、粪铲、粪筐或粪车。

(5)集蛋用具:蛋箱、蛋盒或蛋筐。

(6)干湿温度计:一栋鸡舍内至少悬挂2支干湿温度计。

(7)饲料贮藏加工间:采用饲喂全价料的方式,鸡场可不设饲料加工房。饲料储存时间不宜过长,按储存3天的饲料量计,饲养后期5000只鸡每天耗料200克,则每天耗料200×5000＝1000千克,3天需3000千克,可按储存5吨设计以满足需要。

(8)其他设施:药品储备室、门卫室、兽医化验室、解剖室、储粪场所及鸡粪无害化处理设施、配电室及发电房、场区厕所、塑料桶、小勺、料撮、秤(用来称量饲料和鸡体重)、铁锹、叉子、水桶、刷子等可根据需要自行准备。

三、散养期需要的场舍建筑、设备

1. 散养场地的建设

(1)园地建设:放养前,园地要彻底清理干净,在园地内根据散养鸡的数量搭设遮阳棚,供鸡遮阳避雨。然后将放养的园地用尼龙网或不锈钢网围成高1.5米的封闭围栏,每隔2～3米打一根桩柱,将尼龙网捆在桩柱上,靠地面的网边用泥土压实。所圈围场地的面积,要根据饲养数量而定,一般每只鸡平均占地8平方米,围栏尽量采用正方形,以节省网的用量。

土鸡觅食力强,活动范围广,喜欢飞高栖息,啄皮、啄叶,严重影响果树生长和水果品质,所以在水果生长收获期果树主干四周用竹篱笆或渔网圈好。木本粮油树干较高,果实成熟前坚实、可食性差,不会受鸡啄,只在采收前1个月左右禁止鸡入内即可。

(2)大田建设:大田放养地块四周要围上1.5米高的渔网、纤维网或丝网,网眼以鸡不能通过为度。大田放养每亩①放养150只左右。

(3)山地、经济林建设:山地、经济林散养鸡,鸡的活动范围不会太远,因此,可不设置围网。放养规模以每群1500～2000只为宜,放养密度以每亩山地200只左右。

2. 建造散养鸡过夜舍

为了避免再建成年鸡过夜舍,育成舍的面积可按成年鸡的数量设计,设计时要留有余地,舍内分段利用。育成舍或产蛋舍无论建成何种样式,棚内都必须设置照明设施。

(1)简易棚舍(图3-3):在散养区找一背风向阳的平地,用油毡、帆布及茅草等借势搭成坐北朝南的简易鸡舍,可直接搭成金字塔形,南边敞门,另外三边可着地,也可四周砌墙,其方法不拘一格。要求随鸡龄增长及所需面积的增加,可以灵活扩展,棚舍能保温、能挡风。只要不漏雨、不积水即可。或者用竹、木搭成"人"字形框架,两边滴水檐高1米,顶盖茅草,四周用竹片间围,做到冬暖夏凉,鸡舍的大小、长度以养鸡数量而定。

(2)砖混棚舍(图3-4):在散养区边缘找一背风向阳的平地搭建鸡舍(不宜建在昼夜温差太大的山顶和通风不良、排水不便的低

---

① 1亩≈667平方米。

图 3-3　简易棚舍

图 3-4　砖混棚舍

洼地），鸡舍的走向应以坐北朝南为主，利于采光和保温，大小长度视养鸡数量而定，四面用砖垒成 1 米高的二四墙，墙根部不要留通气孔,以防鼠或其他小动物钻入鸡舍吃鸡蛋或惊鸡。四道墙上可全部为窗户或用固定上的木杆或砖垛当柱子,空的部分用木栅、帆布、竹子或塑料布围起来,可大大降低建设成本,南边留门便于鸡群晚上归舍和人员进出。

鸡舍的建筑高度 2.5～3.0 米,长度和跨度可根据地势的情况和将来散养产蛋鸡晚上休息的占地空间来确定。鸡舍的顶部呈拱形或“人”字形,顶架最好架成钢管结构或硬质的木板,便于支撑上覆物防止风吹,顶上覆盖物从下向上依次铺设双层的塑料布、油毛毡、稻草垫子、最外层用石棉网或竹篱笆压实,同时用铁丝在篱笆外面纵横拉紧,以固定顶棚。这样的建筑保暖隔热,挡风又避雨,冬暖夏凉,且造价低。室内地面用灰土压实,地面上可以铺上垫料,也可以铺粗沙土,厚度要稍高于棚外周围的地势。

(3)塑料大棚鸡舍(图 3-5):塑料大棚鸡舍就是利用塑料薄膜的良好透光性和密闭性建造鸡舍,将太阳能辐射和鸡体自身散发的热量保存下来,从而提高了棚舍内温度。它能人为创造适应鸡正常生长发育的小气候,减少鸡舍不合理的热能消耗,降低鸡的维持需要,从而使更多的养分供给生产。塑料大棚鸡舍的左侧、右侧和后侧为墙壁,前坡是用竹条、木杆或钢筋做成的弧形拱架,外覆塑料薄膜,搭成三面为围墙、一面为塑料薄膜的起脊式鸡舍。墙壁建成夹层,可增强防寒、保温能力,内径在 10 厘米左右,建墙所需的原料可以是土或砖、石。后坡可用油毡纸、稻草、秋秸、泥土等按常规建造,外面再铺一层稻壳等物。一般来讲,鸡舍的后墙高 1.2～1.5 米,脊高为 2.2～2.5 米,跨度为 6 米,脊到后墙的垂直距离为 4 米。塑料薄膜与地面、墙的接触处,要用泥土压实,防止贼风进入。在薄膜上每隔 50 厘米用绳将薄膜捆牢,防止大风将薄膜刮掉。棚舍内地面可用砖垫起 30～40 厘米。棚舍的南部要设置排水沟,及时排出薄膜表面滴落的水。棚舍的北墙每隔 3 米设置 1 个 1 米×0.8 米的窗户,在冬季时封严,夏季时可打开。门应

图 3-5　塑料大棚鸡舍

设在棚舍的东侧，向外开。

3. 建造生活区

值班室、仓库、饲料室建在鸡舍旁，方便看管和工作，但要求地势高燥、通风、出水畅通、交通方便。

4. 设置产蛋箱（窝）

产蛋鸡的产蛋时间一般比较集中，因此产蛋箱数量要满足需要，否则鸡就会到处下蛋。在鸡舍离门近的一头或两头放活动产蛋箱，可以使用三层产蛋箱，也可以用砖沿山墙两侧砌成 35 厘米见方的格状，窝中铺上麦秸或稻草。产蛋箱（窝）的数量以 3～4 只鸡 1 个为好，产蛋窝要隐蔽一些。

5. 设置食槽

在散养鸡舍外墙边防雨的地方或遮雨篷下设置补料料桶或食槽,其规格可按鸡而定,育成鸡用中等桶(盘、槽),大鸡用大桶(盘、槽)。自制食槽时槽长一般多在 1.5～2.0 米,槽上口 25 厘米,两壁呈直角,壁高 15 厘米,槽口两边镶上 1.5 厘米的槽檐,防止鸡蹲上休息。圆木棒与食槽之间留有 10 厘米左右的空隙,方便鸡头伸进采食。

6. 设置饮水设备

饮水设备可以采用水槽、水盆或自动饮水设备。在鸡舍周围可以放置饮水器、盆,保证鸡能不费力气就可以饮到清洁的水。散养期也不要把饮水设备放到鸡舍内,要放到鸡舍外靠墙边的地方或遮雨棚下。注意每天最好刷洗水槽,清除水槽内的鸡粪和其他杂物,让鸡饮到干净清洁卫生的水。

7. 设置栖架

鸡有登高栖息的习性,因此鸡舍内必须设栖架。栖架由数根栖木组成,栖木可用直径 3 厘米的圆木,也可用横断面为 2.5 厘米×4 厘米的半圆木,以利鸡趾抓住栖木,但不能用铁网或竹架(竹架的弹性很大,鸡又喜欢扎堆生活,时间一长,竹架就会被鸡压变形)。栖架四角钉木桩或用砖砌,木桩高度为 50～70 厘米,最里边一根栖木距墙为 30 厘米,每根栖木之间的距离应不少于 30 厘米。栖木与地面平行钉在木桩上,整个栖架应前低后高,以便清扫,长度根据鸡舍大小而定。栖架应定期洗涤消毒,防止形成"粪钉",影响鸡栖息或造成趾痛。

也可搭建简易栖架,首先用较粗的树枝或木棒栽 2 个斜桩,然后顺斜桩上搭横木,横木数量及斜桩长度根据鸡多少而定,最下一根横木距地面不要过近,以避免兽害。

8. 设置围网

选取的场地四周进行围网圈定，围网的面积可以根据鸡只的多少和区域内树木、植被的情况确定。围网方式可采取多种方式，如尼龙网、塑料网、钢网（也可以用竹竿、树干作围栏等），设置的网眼大小和网的高度，以既能阻挡鸡只钻出或飞出又能防止野兽的侵入为宜。围栏每隔2～3米打一根桩柱，将尼龙网捆在桩柱上，靠地面的网边用泥土压实。所圈围场地的面积，以鸡舍为中心半径距离一般不要超过80～100米。鸡可在栏内自由采食，以免跑丢造成损失。运动场是鸡获取自然食物的场所，应有茂盛的果木、树林或花卉，也可以人工种植一些花、草，草可以供鸡只采食，树木可以供鸡只在炎热的夏季遮阴，有利于防止热应激。

9. 设置照明系统和补光设施

光照的作用是刺激鸡的性腺发育、维持正常排卵以及使鸡能够进行采食、饮水等各种活动。为了确保散养的鸡尽可能多地产蛋，应给予与集约化笼养一样的光照程序和光照强度。因此鸡舍内应根据散养舍建筑面积的大小和成鸡的光照强度配置照明系统，设置一定量的灯泡。

散养鸡补光的方式和笼养鸡基本相同，根据日照情况确定补光的时间。光照一经固定下来，就不要轻易改变。

10. 设置遮阴避雨和通风设施

鸡的体温比较高，在散养状态下能够主动寻找凉快的树荫下避暑，而且可以通过沙浴降温，因此鸡舍内不需要降温设备和风机（风扇）等通风设备。

雨季散养鸡的避雨十分重要，在围栏区内选择地势高燥的地方搭设数个避雨棚，以防突然而来的雷雨。如不搭建避雨棚，饲养员可以根据天气的情况通过吹哨把鸡唤回鸡舍。

第四章　土鸡的营养需求与饲料

放养土鸡实行以放牧为主,补饲为辅的饲养方式,刚接到的脱温鸡要饲用全价料过渡 1 周,以后每周早、晚各供 1 次料,到第 4 周时由全价料逐步过渡到五谷杂粮。该季节放牧养鸡,鸡只能够充分采食到野生青草、树叶、昆虫等,每日早上喂七成饱,便于鸡在放牧中采食,增加活动量,提高鸡的肉质。

第一节　土鸡的营养需求

一、鸡的消化系统及其特点

鸡的消化系统包括喙、口腔、舌、咽、食道、嗉囊、胃、肠、泄殖腔等部位。

(1)鸡喙能撕裂较大食物和啄食谷粒。

(2)鸡都是"无牙"嘴,采食的方式都是"囫囵吞枣",味觉不敏感,唾液腺欠发达,鸡的嗉囊是贮存、润滑和软化饲料的临时"仓库"。

(3)胃分腺胃和肌胃。腺胃分泌消化液,与食物拌和后即送入肌胃。肌胃内存有砂石，研磨食物，帮助消化，从而弥补了无牙的缺陷。

（4）消化吸收作用主要在肠内进行。肠包括小肠、大肠、盲肠。大肠较短，粪便不能久留。盲肠与纤维素的消化吸收有关。盲肠、大肠和泄殖腔都有吸收水分的功能，而泄殖腔是消化、泌尿、生殖孔共同开口向体外的管腔。

二、营养需求

鸡的生长、发育和生产需要能量、蛋白质、无机盐（包括常量矿物元素和微量矿物元素）、维生素和水等几大类营养物质。

1. 能量

能量维持鸡的生命活动，产蛋和长肉均需能量。能量不足，鸡生长缓慢，长肉和产蛋量下降，而且影响健康，甚至死亡。能量主要来源于日粮中的碳水化合物和脂肪，当蛋白质多余而能量不足时，能分解蛋白质产生能量。

（1）碳水化合物：淀粉、糖在谷物、薯类中含量较高；纤维在糠、麸类和青料中较多，是鸡的主要能量来源。当供给过多时，一部分碳水化合物在鸡体内转化成脂肪。鸡对纤维的消化能力较低，但纤维过少易发生便秘和啄肛等。

（2）脂肪：脂肪的能量含量是碳水化合物的 2.25 倍。机体各部和蛋内都含有脂肪，一定数量的脂肪对鸡的生长发育、成鸡的产蛋和饲料利用率均有良好的效果。日粮中的脂肪过多，使鸡过肥，会影响产蛋。脂肪中的亚油酸必须由饲料供给，玉米中通常含有足够的亚油酸。

2. 蛋白质

蛋白质是生命活动的基础，是构成机体的主要物质，肌肉、血

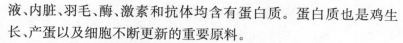

液、内脏、羽毛、酶、激素和抗体均含有蛋白质。蛋白质也是鸡生长、产蛋以及细胞不断更新的重要原料。

鸡对蛋白质的需要，不仅是数量更重要的是质量。蛋白质营养价值的高低，取决于氨基酸的种类和含量，鸡能合成的氨基酸称为非必需氨基酸，由饲料供给的氨基酸为必需氨基酸，主要是赖氨酸、蛋氨酸、色氨酸等。赖氨酸和蛋氨酸在一般饲料中含量较少。

3. 水

水在生命活动中起着重要作用，缺水使鸡食欲不振，生长缓慢，产蛋量减少，严重失水可致死亡。

4. 维生素

维生素分脂溶性维生素和水溶性维生素。脂溶性维生素有维生素 A、维生素 D、维生素 E 和维生素 K；水溶性维生素有硫胺素、核黄素、烟酸、吡醇素、泛酸、生物素、胆碱、叶酸和维生素 B_{12} 等13种维生素，必须从日粮中供给。而硫胺素和吡醇素在饲料中含量丰富，无需特别注意。

5. 矿物质

鸡所需要的矿物质分常量元素和微量元素两大类。常量元素较多，主要有钙、磷、钠、氯、钾、镁、硫；微量元素种类很多，主要有锰、锌、铁、铜、钴、碘、硒、氟等，鸡对微量元素需要量极少，但生理作用较大。

第二节 散养土鸡的饲料种类

自然散养鸡，以食青草、树叶、草籽、各类昆虫为主，适当补饲当地农民所生产的玉米、谷子、杂粮等食物，不用农药等物质污染的饲料，不掺任何药物和添加剂。

各种青绿饲料含有丰富的胡萝卜素、维生素 B_2 以及维生素 C、维生素 E、维生素 K 等，有些青绿饲料中还含有未知促生长因子。上述营养对促进蛋的形成、胚胎发育，促进雏鸡成长、保证健康等起重要作用，上述营养充分的鸡所产的蛋，蛋黄呈杏黄色，鸡的喙、爪、皮肤也呈深黄色。优质青绿饲料适口性好，易消化，营养完善，含丰富的蛋白质、矿物质、维生素等。按干物质计算，优质青绿饲料中可消化粗蛋白占 16％～23％，粗灰分（矿物质）占 6％～11％。

补饲饲料可由玉米、食盐、昆虫等组成。早晨少喂，晚上喂饱，中午酌情补喂。夏秋季节可以在鸡舍前安装灯泡诱虫，让鸡采食。遇到恶劣天气、阴雨天或冬天不能外出觅食时，要补饲一些配合饲料，补饲多少应该以野生饲料资源的多少而定。

一般来说，放养第 1 周早晚在舍内喂饲，中餐在休息棚内补饲 1 次。第 2 周开始，中餐可以免喂，喂饲量早餐由放养初期的足量减少至 7 成，6 周龄以上的大鸡可以降至 6 成甚至更低些；晚餐一定要吃饱。营养标准由放养初（第 5 周）的全价料逐步转换为谷物杂粮，6 周龄后全部换为谷物杂粮，这样人为地促使鸡在放养场中寻找食物，以增加鸡的活动量，采食更多的有机物和营养物，提高鸡的肉质。

自然散养鸡补饲饲料也可用配合饲料，只是少用动物性蛋白质饲料，如鱼粉、骨粉等，最好多用昆虫做蛋白质饲料。

1. 配合鸡饲料的使用原则

（1）必须根据鸡的营养需要和消化特点进行科学配料。

（2）充分利用本地饲料和农、林、牧、副、渔、工业的副产品。

（3）饲料种类力求多样化，应补充部分饲料添加剂。

（4）饲料要新鲜、品质良好，形状、颗粒大小适当。

(5)保证蛋白质的数量和质量。

(6)雏鸡饲料的粗纤维含量不宜超过5％。

(7)饲料种类和配合比例相对稳定。

(8)微量元素等饲料添加剂要预先和辅料混合,不少于5千克,充分搅拌均匀。

2. 饲料形状

配合鸡饲料有粒料、粉料、颗粒饲料和碎料四种。

(1)粒料是指保持原来形状的谷粒或加工打碎后的谷物饲料。

(2)粉料是指谷物磨粉后加上糠麸、鱼粉、矿物质粉末等混合而成的粉状饲料。粉料的营养完善,鸡不易挑食。但粉料适口性差一些,容易飞散,造成浪费。

(3)颗粒饲料是将已配合好的粉料用颗粒机制成直径为2.5～5.0毫米的颗粒。颗粒饲料营养完善,适口性强,鸡无法挑选,能避免偏食,防止浪费。颗粒饲料适于仔鸡快速育肥,蛋鸡一般不宜喂颗粒饲料。

(4)碎料是将制成的颗粒再经加工破碎的饲料,适于产蛋鸡和各种周龄的雏鸡喂用。补饲饲料的大致比例为:谷物饲料(2～3种以上)75％左右,糠麸类5％～15％,昆虫蛋白质饲料5％～10％,食盐0.25％～0.4％,矿物质1％～2％。

一、能量饲料

能量是生命活动不可缺少的,如鸡的生长、繁殖、运动、呼吸、血液循环、消化吸收排泄、体液分泌和体温调节等都需要能量。

鸡对能量需要受生长发育不同阶段、品种类型、体重、产蛋率、营养水平、环境、温度等因素的影响。如果让鸡自由采食,一般在一定能量范围内,能自动调节采食量来满足其能量的需要,能量高时采食量少,能量低时采食量多。

生产实践中,产蛋鸡、育成鸡都能适应一定日粮能量范围。日粮能量水平高时,鸡的产蛋量、增重和饲料转化率提高,但经济效益不一定提高,因为鸡虽有根据日粮能量水平调节采食量的能力,但这种调节能力是有一定限度的。如日粮能量水平过高时,若鸡采食能量仍然增加,日粮成本提高,经济效益则减少。

能量饲料是指富含碳水化合物和脂肪的饲料,具体情况是:在干物质中粗纤维含量在18%以下,粗蛋白质含量在20%以下。能量饲料主要包括:

1. 玉米

玉米含能量高、纤维少,适口性好,消化率高,是养鸡生产中用得最多的一种饲料。缺点是蛋白质含量低、质量差,缺乏赖氨酸、蛋氨酸和色氨酸,钙、磷含量较低。在饲粮中用量占50%～70%。

2. 高粱

高粱中的能量含量与玉米相近,但含有较多的单宁(鞣酸),使味道发涩,适口性差,饲喂过量还会引起便秘。在饲粮中用量不超过10%～15%。

3. 小麦

小麦中的能量与玉米相近,粗蛋白质含量高,B族维生素丰富,是鸡良好的能量饲料。在饲粮中用量可占10%～30%。

4. 碎米

碎米含能量、粗蛋白质、蛋氨酸、赖氨酸等与玉米相近,适口性好,是鸡良好的能量饲料,一般在饲粮中用量可占30%～50%或更多一些。

5. 粟

俗称谷子(去壳后称小米)。小米含能量与玉米相近,粗蛋白质含量为10%左右,高于玉米;核黄素(维生素 B₂)含量高(1.8毫克/千克),适口性好。在饲粮中用量占15%～20%。

6. 大麦、燕麦

大麦和燕麦含能量比小麦低,B族维生素含量丰富。皮壳粗硬,不易消化,应破碎或发芽后使用。产蛋鸡饲粮中含量不宜超过15%,雏鸡应控制在饲料量的5%以下。

7. 块根、块茎类

主要包括甘薯、木薯、南瓜、甜菜、萝卜、胡萝卜、马铃薯等。宜利用经加工脱水后的风干物质,在饲粮中用量不宜超过10%。

8. 小麦麸

小麦麸粗蛋白质含量较高,可达13%～17%,B族维生素含量较丰富,质地松软,适口性好,有轻泻作用,适合喂育成鸡和蛋鸡。喂食雏鸡和育成鸡时可占饲粮的5%～15%,喂食育成鸡时可占10%～20%。

9. 米糠

米糠含能量低,粗蛋白质含量高,富含B族维生素,多含磷、镁和锰,少含钙,粗纤维含量高,在饲粮中用量可占5%～10%。

二、动物性蛋白质饲料

自然散养鸡,以食青草、树叶、草籽、树种、各类昆虫为主,适当补饲玉米、谷子、杂粮等食物,因此,鸡的生长发育可能缺乏蛋白质。为补充放养鸡蛋白质不足,可在养殖区附近人工养殖昆虫以供鸡采食。

傍晚补饲期间,在鸡棚附近安装几个电灯照明,这样昆虫就会从四面八方飞来,被等候在灯下的鸡群当夜餐吃掉。鸡吃饱之后,将电灯关闭。

养殖户要解决蛋白质饲料的不足，可人工培育黄粉虫、蚯蚓、蝇蛆、地鳖虫等直接喂鸡。

1. 马粪育虫

在较潮湿的地方挖一长、宽各 1～2 米、深 0.3 米的土坑，底铺一层碎杂草，草上铺一层马粪，粪上再撒一层麦糠，如此一层一层铺至坑满为止，最后盖层草，坑中每天浇水一次，经 1 周左右即生虫。

2. 豆腐渣育虫

把 1～2 千克豆腐渣倒入缸内，再倒入一些洗米水，盖好缸口，过 5～6 天即生虫，再过 3～4 天即可让鸡采食蛆虫。

3. 米糠育虫

在角落处堆放两堆米糠，分别用草泥（碎草与稀泥巴混合而成）糊起来，数天后即生虫，轮流让鸡采食虫，食完后再将麦糠等集中成堆照样糊草泥，又可生虫。

4. 猪粪发酵育虫

每 500 千克猪粪晒至七成干后加入 20％肥泥和 3％麦糠或米糠拌匀，堆成堆后用塑料薄膜封严发酵 7 天左右。挖一深 50 厘米土坑，将以上发酵料平铺于坑内 30～40 厘米厚，上用青草、草帘、麻袋等盖好，保持潮湿，20 天左右即生蛆、虫、蚯蚓等。

5. 稻草育虫

挖宽 0.6 米、深 0.3 米的长方形土坑，将稻草切成 6～7 厘米长，用水煮 1～2 小时，捞出倒入坑内，上面盖上 6～7 厘米厚的污泥（水沟泥或塘泥等）、垃圾等，最后再用污泥压实，每天浇一盆洗米水，约 8 天即生虫，翻开让鸡啄食即可，食完后再盖好污泥等照样浇洗米水,可继续生虫。

6. 腐草育虫

在较肥地挖宽约 1.5 米、长 1.8 米、深 0.5 米的土坑,底铺一层稻草,其上铺一层豆腐渣,然后再盖层牛粪,粪上盖一层污泥,如此铺至坑满为止,盖草,1 周即生虫。

7. 牛粪育虫

在牛粪中加入 10％米糠和 5％麦糠拌匀,堆在阴凉处,上盖杂草、秸秆等,用污泥密封,过 20 天即生虫。

8. 松木屑育虫

挖长、宽、深各 1 米的土坑,放入松树木屑 50 千克,浇上米汤或淘米水,再用松树叶盖好,7 天后即生虫。

三、青绿饲料

青饲料(图 4-1)是指水分含量为 60％以上的青绿饲料、树叶类及非淀粉质的块根、块茎、瓜果类。青饲料富含胡萝卜素和 B 族维生素,并含有一些微量元素,适口性好,对鸡的生长、产蛋及维持健康均有良好作用。

常见的青饲料有白菜、甘蓝、野菜(如苦荬菜、鹅食菜、蒲公英等)、苜蓿草、洋槐叶、胡萝卜、牧草等。冬春季没有青绿饲料,可喂苜蓿草粉、洋槐叶粉、秋针粉或芽类饲料,同样会收到良好效果。芹菜是一种良好的喂鸡饲料,每周喂芹菜 3 次,每次 50 克左右。用南瓜作辅料喂母鸡,产蛋量可显著增加,且蛋大、孵化率高。

放养鸡时,鸡能自由采食到青草、野菜、草芽等,若补充高能量、低蛋白饲料以及钙、磷、食盐等,鸡只也有较好的生产性能。

图 4-1　青饲料

四、粗饲料

我国有丰富的林业资源，树叶数量大，除少数外，大多数都可饲用。树叶营养丰富，经加工调制后，能做畜禽的饲料。树叶按特征可分为针叶、阔叶两大类。

1. 树叶的饲用价值

树叶的饲用价值决定于诸多因素：

(1)树种：树叶的营养成分因树种而异，有的树种，如豆科树种、榆树等叶子中粗蛋白含量较高，按干物质量计，均在 20% 以上，而且还含有组成蛋白质的 18 种氨基酸，如松针。

而槐树、柳树、梨树、桃树、枣树等树叶的有机物质含量、消化率、能值较高，对鸡的代谢能值达 6.27 兆焦/千克干物质；树叶中维生素含量很高。据分析，柳、桦、榛、赤杨等青叶中，胡萝卜素含量为110～132毫克/千克,紫穗槐青干叶胡萝卜素含量可达270毫克/千克,针叶中的胡萝卜素含量高达197～344毫克/千克,此外还含有大量的维生素 C、维生素 E、维生素 D、维生素 K 和维生素 B_1 等;松针粉含有畜禽所需的矿物质元素。

有的树叶含有激素,能刺激畜禽的生长,或含有抑制病原菌的杀菌素等。

(2)生长期:生长着的鲜嫩叶营养价值高;青落叶次之,可用于饲喂单胃家畜和家禽;而枯黄叶最差。

(3)树叶中所含的特殊成分:有些树叶营养成分含量较高,但因含有一些特殊成分,饲用价值降低。如有的树叶含单宁,具苦涩味。如核桃、山桃、橡、李、柿、毛白杨等树叶,必须经加工调制后再饲喂。有的树种到秋季叶中单宁含量增加,如栎树、栗树、柏树等树叶,到秋季单宁含量达 3％,有的高达 5％～8％,应提前采摘饲喂或少量配合饲喂,少量饲喂还可收到收敛健胃的作用。有的树叶有剧毒,如夹竹桃等。

2. 树叶的采收

采收的方式及采收时间对树叶的营养成分影响较大。采集树叶应在不影响树木正常生长的前提下进行,切不可折枝毁树破坏绿化。

(1)采收方法

①青刈法:适宜分枝多、生长快、再生力强的灌木,如紫穗槐等。

②分期采收法:对生长繁茂的树木,如洋槐、榆、柳、桑等,可分期采收下部的嫩枝、树叶。

③落叶采集法:适宜落叶乔木,特别是高大不便采摘的或不宜提前采摘的树叶,如杨树叶等。

④剪枝法:对需适时剪枝的树种或耐剪枝的树种,特别是道路

两边的树和各种果树，可采用剪枝法。

（2）采收时间：树叶的采收时间依树种而异，下面介绍几种代表性树种采集树叶的时间。

①松针：在春秋季节松针含松脂率较低的时期采集。

②紫穗槐、洋槐叶：北方地区一般在 7 月底至 8 月初采集，最迟不要超过 9 月上旬。

③杨树叶：在秋末刚刚落叶即开始收集，而不能等落叶变枯黄再收集；还可以收集修枝时的叶子。

④橘树叶：在秋末冬初，结合修剪整枝，采集枯叶和嫩枝。

3. 针叶的加工利用

（1）针叶粉（也称维生素粉）

①饲用价值：针叶粉含有一定量的蛋白质和较高的维生素，尤其是胡萝卜素含量很高，对畜禽的生长有明显的促进作用，并能增强畜禽的抗病力，提高饲料的利用率。据报道，在饲料中添加针叶粉喂鸡，能提高蛋黄的色泽，产蛋率可提高 13.8％；并能提高雏鸡的成活率，每只鸡在整个生长期内节省饲料 1.25 千克。

②针叶粉的生产：针叶采集后要保持其新鲜状态，含水量为 40％～50％。原料贮存时要求通风良好，不能日晒雨淋，采收到的原料应及时运至加工场地，一般从采集到加工不能超过 3 天，以保证产品质量。对树枝上的针叶，应进行脱叶处理。脱叶分手工脱叶和机械脱叶。手工脱下的针叶含水量一般为 65％左右，杂质含量（主要指枝条）不超过 35％；机械脱下的针叶含水量为 55％左右，杂质的含量不超过 45％。用切碎机将针叶切成 3～4 厘米，以破坏针叶表面的蜡质层，加快干燥速度。可采用自然阴干或烘干。烘干温度为 90 ℃，时间为 20 分钟。干燥后应使针叶的含水量从 40％～50％降到 20％，以便粉碎加工和成品的贮存运输。用粉碎机将针叶加工成 2 毫米左右的针叶粉，针叶粉的含水量应低

于 12.5%。

生产针叶粉的主要设备有：脱叶机，切碎机，厢式干燥机，粉碎机。

③针叶粉的贮存：针叶粉要用棕色的塑料袋或麻袋包装，防止阳光中紫外线对叶绿素和维生素的破坏。另外，贮存场所应保持清洁、干燥、通风，以防吸湿结块。在良好的贮存条件下，针叶粉可保存 2～6 个月。

④质量标准：针叶粉的外观为浅绿色，有针叶香味。目前，在我国评定针叶粉的质量尚无统一标准，主要借鉴的是国外标准。

⑤饲喂：针叶粉作为添加饲料适用于各类畜禽，可直接饲喂或添加到混合饲料中。针叶粉应周期性地饲用，连续饲喂 15～20 天，然后间断 7～10 天，以免影响禽产品质量。松针粉中含有松脂气味和挥发性物质，在畜禽饲料中的添加量不宜过高。一般在肉鸡饲料中的添加量为 3%，蛋鸡和种鸡为 5%。

（2）针叶浸出液：饲喂针叶浸出液，不仅能促进畜禽的生长，而且还能降低畜禽支气管炎和肺炎的发病率，增加食欲和抗病能力。因此，又称针叶浸出液为保健剂。

①浸出液的制作：将针叶粉碎，放入桶内，加入 70～80 ℃的温水（针叶与水的比例为 1∶10）。搅拌后盖严，在室温下放置 3～4 小时，便得到有苦涩味的浸出液。

②饲喂：针叶浸出液可供家畜饮用，也可与精料、干草或秸秆混合后饲喂。家畜对浸出液有一个适应过程，开始应少量，然后逐渐加大到所要求的量。

4. 阔叶的加工利用

（1）糖化发酵：将树叶粉碎，掺入一定量的谷物粉，用 40～50 ℃温水搅拌均匀后，压实，堆积发酵 3～7 天。发酵可提高阔叶的营养价值，减少树叶中单宁的含量。糖化发酵的阔叶饲料主要用于喂猪、鸡。

(2)叶粉:叶粉可作为配、混合饲料的原料,在鸡饲料中掺入的比例为5%～10%。据试验,在饲料中掺入紫穗槐叶粉喂鸡,产蛋率可达70%,饲料报酬为2.5:1,还可代替一部分鱼粉。

(3)蒸煮:把阔叶放入金属筒内,用蒸汽加热(180 ℃左右)15分钟后,树叶的组织受到破坏,利用筒内设置的旋转刀片将原料切成类似"棉花"状物。

除上述方法外,还可将阔叶进行膨化、压制成颗粒和青贮。

常用的粗饲料有以下几种:

①榆树叶粉:榆树叶粉中粗蛋白质含量达15%以上,还含有丰富的胡萝卜素和维生素E。春、夏季节采集榆树叶,于阴凉通风处晾晒干,之后磨成粉状,即可饲用。

②紫穗槐叶粉:紫穗槐叶含粗蛋白质约20%～25%,还含有丰富的胡萝卜素和维生素。一般在6～9月份采集紫穗槐叶,晾晒干后粉碎备用。

③洋槐叶粉:洋槐叶含粗蛋白质20%以上,并含有多种维生素,是鸡良好的蛋白质和维生素饲料。春、夏季节采集洋槐叶,于阴凉通风处晾晒干,磨成粉状即可饲用。洋槐叶味较苦,如添加量过大,反而会影响鸡的采食量。

④桑叶粉:桑叶粉中蛋白质含量可达20%以上,可做为鸡的蛋白质补充饲料。将夏季养完春蚕后的多余桑叶或养完秋蚕后的桑叶,采集后自然干燥,加工成粉状,即可饲用。

⑤松针叶粉:松针叶粉含有多种维生素、胡萝卜素、生长激素、粗蛋白质、粗脂肪和植物抗生素,是理想的鸡饲料添加剂。采集幼嫩松针枝叶,摊在竹帘或苇帘上,厚度5厘米,在阴凉处自然干燥后加工成粉状。加工好的叶粉须用有色塑料袋包装,阴凉保存。在雏鸡日粮中添加2%松针叶粉,可提高抗病力和成活率;在蛋鸡日粮中添加5%,可明显提高产蛋量,还可以节约饲料。

⑥苜蓿草粉：含粗蛋白质 15%～20%，用量可占 2%～5%。

五、饮　水

水也是鸡体不可缺少的养分，在生命活动中起着非常重要的作用。水直接参与养分的消化吸收、代谢产物的排泄、血液循环、体温调节、保持体液的平衡和各种器官形态等一系列生理生化过程。水在血中占有一定比例，在雏鸡体内含水约为 70%，成鸡为 55%，鸡蛋中含水 50%。因此，水是最重要的一种营养物质。

鸡的需水量随鸡的日龄、体重、饲料类型、饲养方式、气温以及产蛋率不同而异。一般 3～4 周龄的雏鸡耗水量大约为体重的 18%～20%，产蛋母鸡为 14%，炎夏约增至 3～4 倍。一般来说饮水量大约为采食量的 2 倍。

养鸡必须充足供水。当鸡缺水时会出现循环障碍、体温升高、代谢紊乱，使饲料消化不良，鸡的生长和产蛋均受影响；鸡体严重失水时可致死亡。试验说明，雏鸡断水 10～12 小时，会使采食量减少，还可能影响增重；产蛋鸡断水 24 小时能使产蛋下降 30%，约经 25～30 天才能恢复正常的产蛋量。

在日常管理中要注意细心观察鸡群饮水量，分析原因，即早采取措施。如疾病出现时，一般饮水减少比采食减少早 1～2 天；当日粮中食盐过多，鸡的饮水量会大增。饮水量可因疾病而有增减。

六、维生素

维生素在鸡生长、产蛋和维持体内正常物质代谢中起重要作用。鸡对维生素需要量甚微，但大多数维生素在体内不能合成，有的虽能合成，但不能满足需要，必须从饲料中摄取。维生素缺乏时，会造成物质代谢紊乱，影响鸡的生长、产蛋或受精率、孵化率不高等。

比较容易缺乏的维生素有 13 种，其中脂溶性维生素 4 种，水溶性维生素 9 种。脂溶性维生素中以维生素 A 和维生素 D 更易缺乏；水溶性维生素中，以硫胺素（维生素 B_1）和核黄素（维生素 B_2）尤易缺乏。

放养鸡时，各种青饲料如白菜、通心菜、甘蓝等，无毒的野菜、青嫩的牧草和树叶等都是鸡维生素的主要来源。

七、矿物质

矿物质是鸡生长发育必不可少的物质，缺少时鸡体质衰弱易感染疾病，尤其是产蛋鸡不能缺钙，否则易患软骨病，下软壳蛋。矿物质中钙、磷、钠等元素的作用最大，必须注意补足矿物质饲料。

1. 蛋壳粉

与贝壳粉类似，但必须消毒后再饲用。

2. 骨粉

富含磷，饲喂量占日粮的 1%～3%。

3. 贝壳粉

含钙较多，易被鸡吸收利用，一般占日粮的 2%～4%。

4. 石灰粉

主要含钙元素，喂量为日粮的 2%～4%。

5. 木炭粉

能吸收鸡肠道中的一些有害物质。一般在鸡拉稀时在日粮中添加 2%的量饲喂，恢复正常后停喂。

6. 沙粒

主要是帮助鸡消化饲料。

7. 草木灰

对雏鸡的骨骼发育有良好作用,但不能用新鲜的草木灰饲喂,需暴露在空气中 1 个月后才可饲喂,用量为 4%～8%。

8. 食盐

能增进食欲,有利于鸡体健康。但喂量必须适量,一般用量占日粮的 0.3%～0.5%,量大易中毒。

第三节　饲料配方

一、育雏期

1. 0～4 周龄

配方一:玉米 52.5%,高粱 8.0%,麸皮 2.11%,棉仁饼7.0%,菜籽饼 6.0%,葵仁饼 13.0%,苜蓿粉 4.0%,鱼粉 4.0%,骨粉 0.75%,食盐 0.25%。

配方二:玉米 64.0%,麸皮 7.0%,花生饼 4.08%,豆饼4.0%,苜蓿粉 4.0%,鱼粉 9.0%,骨粉 2.0%。

配方三:黄玉米 60%,麸子 10%,槐叶粉(或苜宿草粉)5%,炒黄豆 13%,花生仁饼 10%,乳酸钙 0.9%,益生素 0.1%,氨化胆碱0.3%,金星维他 0.04%,微量元素 0.16%,食盐 0.5%。

配方四:玉米 60%,稻谷粉 2.3%,麸皮 3.8%,豆粕 27.4%,鱼粉 3%,磷酸氢钙 1.25%,贝壳粉 1%,食盐 0.25%,预混剂 1%。

配方五:玉米 50%,小麦粉 17%,豆饼粉 18%,鱼粉 11.72%,

骨粉 2%，食盐 0.2%，生长素 1%，多维素 0.03%，痢特灵 0.05%。

配方六：玉米 45%、碎米 18%、小麦 12%、豆饼 20%、鱼粉 3%、骨粉 2%、食盐适量。

配方中营养成分欠缺的部分，必须用相应的氨基酸和矿物质补足。如果配合饲料的比例总数超过 100% 时，多余的量减去相应的玉米用量即可。

2. 5～8 周龄

配方一：玉米 63.2%，麸皮 3%，豆饼 17%，花生饼 5%，鱼粉 6%，猪油 3%，贝壳粉 0.5%，骨粉 1%，食盐 0.3%，复合维生素 1%。

配方二：玉米 65%，鱼粉 3%，豆饼 20%，麸皮 3%，牛油 3%，骨粉 2%，贝壳粉 2%，食盐 0.4%，蛋氨酸 0.8%，氯化胆碱 0.8%。

配方三：玉米 71.0%，豆粕 12.0%，鱼粉 14.0%，磷酸氢钙 1.2%，碳酸钙 1.5%，食盐 0.3%。

配方四：玉米 45.0%，大麦 14.5%，碎米 14.0%，豆粕 15.0%，鱼粉 9.0%，磷酸氢钙 0.7%，碳酸钙 1.5%，食盐 0.3%。

配方五：玉米 70.5%，豆饼 13.5%，棉籽饼 10.0%，鱼粉 2.0%，蚕蛹 2.0%，无机盐添加剂 1.65%，食盐 0.35%。

配方六：玉米 20%、碎米 15%、小麦 10%、豆（糠）饼 30%、碎青料 20%、微量元素 3%、食盐、小苏打 1%。

其中鱼粉、骨粉可自制，收集蚌肉、畜禽骨等晒干、烘透、粉碎即成。

二、育成期

1. 中雏鸡料

配方：玉米 40%，小麦 15%，炒熟的豌豆 20%，菜籽饼 15%，

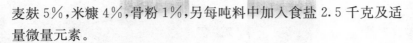

麦麸 5%，米糠 4%，骨粉 1%，另每吨料中加入食盐 2.5 千克及适量微量元素。

2. 大雏鸡料

（1）夏季配方：黄玉米 56%，麸子 12%，槐叶粉（或苜蓿草粉）12%，炒黄豆 10%，花生仁饼 8%，乳酸钙 0.9%，益生素 0.2%，氯化胆碱 0.2%，金星维他 0.02%，微量元素 0.18%，盐 0.5%。

（2）冬季配方：黄玉米 60%，麸子 10%，槐叶粉（或苜蓿草粉）10%，炒黄豆 10%，花生仁饼 8%，乳酸钙 0.9%，益生素 0.2%，氯化胆碱 0.2%，金星维他 0.03%，微量元素 0.17%，盐 0.5%。

三、产蛋期

1. 夏季配方

黄玉米 57%，麸子 5.8%，槐叶粉（或苜蓿草粉）8%，炒黄豆 13%，花生仁饼 10%，乳酸钙 1.1%，益生素 0.2%，氯化胆碱 0.2%，金星维他 0.03%，微量元素 0.17%，盐 0.5%，贝壳粉 4%。

2. 冬季配方

黄玉米 60.8%，麸子 3%，槐叶粉（或苜蓿草粉）8%，炒黄豆 12%，花生仁饼 10%，乳酸钙 1.1%，益生素 0.2%，氯化胆碱 0.2%，金星维他 0.04%，微量元素 0.16%，盐 0.5%，贝壳粉 4%。

第五章 土鸡的繁育

土鸡的繁育是群选与个体选择相结合，且以外貌、体重、产蛋量与抗病力作为选育重点，结合后裔表现，进行综合评定。种鸡多行分群自然交配，公母比例为 1∶8～1∶10。3～8 月份的种蛋受精率平均为 80%，高者可达到 86%～90%。孵化期为 21 天。受精蛋种蛋孵化率为 83%～86%，高者可达 90%。

第一节 种蛋的选择及保存

种蛋品质的好坏与孵化率的高低、初生雏鸡的品质及其以后的健康、生存力和生产性能都有着密切的关系。因此，种蛋必须根据具体情况进行严格认真的挑选。

一、种蛋的选择

1. 种蛋来源

了解种鸡场情况，包括种鸡状况、种鸡群体是否健康、种鸡营养水平等。凡是用来育雏的种蛋，都必须要求来源于饲养、管理正常的健康鸡群,以免出现病症。养殖户在引种后若需保存的,亦应将种蛋搁置在凉爽、清洁的房间内,其室内温度以 15～16 ℃为宜,相对湿度在 70％～80％为宜,但保存时间越短越好,最长不要超过 1 周。初产母鸡在 2～3 周内所产的蛋,不宜用作种蛋。

2. 种蛋新鲜度

种蛋越新鲜,孵化率越高。新鲜种蛋外表有光泽,气室很小,陈蛋则相反。以产后 1 周为合适,以 3～5 天为最好。因为这一时期内产收的种蛋其孵化率较高,孵化出的雏鸡往往也十分健康和强壮,其成活率较高。

3. 种蛋外观、大小

蛋壳应清洁,蛋重适宜。种蛋形状以椭圆形为好,过大的、过小的、过长的、过圆的、腰鼓蛋等畸形蛋均不宜做种蛋,而且双黄、三黄、蛋中蛋、血斑、肉斑蛋都不可作种蛋。

大小应以品种而论(图 5-1),一般为 45～65 克。如莱航鸡以在 45～50 克范围内为好,巴布考克 B-300 在 50～60 克为好,其他肉蛋兼用品种应在 50～65 克。

图 5-1　鸡蛋大小比较

4. 蛋壳厚度

蛋壳应致密，厚薄要适度，过厚不利于破壳出雏，过薄易破碎。凡蛋壳无光泽、粗糙有砂眼（称砂皮蛋）或硬壳（称钢皮蛋）、薄壳蛋、皱皮者等外表结构异常的蛋都不可用作种蛋。

5. 种蛋表面要清洁卫生

如蛋上沾染粪便、污泥、饲料等过脏的蛋或有裂纹的蛋常会受微生物污染而最容易腐坏，引起种蛋变质或造成死胎。

6. 照蛋

采用照蛋器照蛋透视，剔除陈蛋。新鲜蛋的蛋黄颜色呈暗红色或暗黄色，占据蛋的中心位置。

二、种蛋运输

常采用专用蛋箱装运，箱内放 2 列 5 层压膜蛋托，每枚蛋托装蛋 30 枚，每箱装蛋 300 枚。装蛋时，钝端向上，盖好防雨设备。如无专用蛋箱，也可用硬纸箱、木箱或竹筐装运，但要在蛋与蛋之间、层与层之间用清洁的碎纸或稻壳或锯木屑或碎稻草作填充物，防止碰撞。

到目的地后，及时开箱，取出种蛋，剔除破蛋，尽快消毒，装盘入孵。

三、种蛋保存

1. 保存时间

保存期最好不超过 1 周。

2. 保存温度

保存期少于 3 天时，以 18 ℃为宜；1 周，16～17 ℃为宜；1 周以上，以 7.5～12.5 ℃为宜。

3. 保存湿度

贮存室相对湿度保持在 75％～80％。

4. 码盘装蛋

保存期不超过 3 天，大头向上放置；超过 3 天，小头向上放置。

5. 翻蛋

保存期不超过 3 天，可不翻蛋；3 天以上，则每天翻蛋 1 次；若小头向上放置，可不需翻蛋。

6. 通风换气

保存种蛋还应注意通风换气。特别是潮湿地区和梅雨季节，要做好通风换气工作，严防种蛋生霉。

7. 种蛋消毒

每次集完蛋后，立刻在鸡舍附近的消毒室或送到孵化室消毒，消毒后放入蛋库保存。入孵时，先把种蛋码在蛋盘上，进行预热，当种蛋表面的水珠消失后，熏蒸消毒 20 分钟。

（1）福尔马林熏蒸消毒法：每立方米空间用 42 毫升福尔马林（40％甲醛溶液）加 21 克高锰酸钾（用容积大的陶瓷器皿或玻璃器皿。先在容器中加入少量温水，再把称好的高锰酸钾放入容器中，最后加入福尔马林），在温度 20～26 ℃、相对湿度 60％～75％的条件下，密闭熏蒸 20 分钟。在孵化器里进行第二次消毒时，每立方米空间用福尔马林 28 毫升，高锰酸钾 14 克，熏蒸 20 分钟。

种蛋在孵化器里消毒时，应避开 24～96 小时胚龄的胚蛋，通常入孵后 9 小时内熏蒸消毒。消毒完毕，要及时通风，散尽烟雾。

（2）新洁尔灭消毒法：用喷雾器把 0.1％的新洁尔灭溶液（用 5％浓度的新洁尔灭 1 份，加 50 倍水后均匀混合即可。）喷洒在蛋的表面。或者用温度为 40～45 ℃的 0.1％新洁尔灭溶液，浸泡种蛋 3 分钟。新洁尔灭水溶液为碱性，不能与肥皂、碘、高锰酸钾、升汞等配合使用。

（3）过氧化氢消毒法：用 2％～3％的过氧化氢作喷雾消毒。

（4）碘消毒法：将种蛋置于 43～45 ℃ 的 0.1％碘溶液（取 10 克碘片、15 克碘化钾，一起溶于 1000 毫升水中，然后倒入 9000 毫升的清水）中，浸泡 0.5～1 分钟，取出沥干即可。

碘溶液浸泡种蛋 10 次后，浓度降低，如需再用，可延长浸泡时间至 1.5 分钟，或另加部分新配的碘溶液。

（5）高锰酸钾消毒法：用 40 ℃的 0.01％～0.05％高锰酸钾溶液，浸泡 1～3 分钟，取出沥干即可。

（6）抗生素溶液浸泡清毒法：将蛋温提高到 38 ℃，保持 6～8 小时后，置于配好的万分之五的土霉素或链霉素溶液（即 50 千克水中加 25 克土霉素或链霉素拌均匀即可）中，浸 10～15 分钟即可。

（7）呋喃西林溶液消毒法：将呋喃西林碾成粉后配成 0.02％浓度的水溶液浸泡种蛋 3 分钟洗净晾干即可。

（8）紫外线消毒法：在离地约 1 米高处安装 40 瓦紫外线灯管，照射 10～15 分钟即可达到消毒目的。

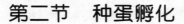

第二节　种蛋孵化

一、种蛋孵化条件

1. 温度

温度是孵化的首要条件,是影响孵化率最重要的因素。鸡孵化期为 21 天,1～6 天温度为 38.5 ℃;7～14 天温度为 38 ℃;15 天温度为 37.9 ℃;16～21 天温度为 37.3～37.5 ℃。夏季外界气温高时,孵化温度可降低 0.3 ℃。

2. 通气

鸡胚在发育过程中,必须进行气体交换,尤其在孵化第 19 天(夏季还要提前 12 小时)以后,胚胎开始用肺呼吸,需氧量逐渐增大,二氧化碳排出量也逐渐增多。这时如果通风不良,则造成孵化器内严重缺氧,即使将出壳的雏鸡呼吸量加大 2～3 倍,仍不能满足其对氧的需要,结果抑制了细胞代谢的中间过程,使酸性物质蓄积体内,组织中二氧化碳分压增高而发生代谢性呼吸性酸中毒,从而导致心脏搏出量下降,发生心肌缺氧、坏死、心跳紊乱和跳动骤停。

经测定每个胚蛋整个孵化期的耗氧量为 4～4.5 升,排出二氧化碳 3～3.5 升。试验证明孵化器内含氧量下降 1%,则孵化率下降 5%;胚蛋周围二氧化碳含量不得超过 0.5%,二氧化碳达 1% 时,胚胎发育迟缓,死亡率升高,畸形增多。

一般空气中正常的氧量可保持在 20%～21%。因此通风的关键是设法降低胚蛋周围二氧化碳的浓度,而通风换气的效果又与孵化设备的结构、孵化厅(室)的建筑设计以及孵化机内外环境有关。

比较影响孵化率的诸因素,温度是首位的,其次就是通风换气了。为什么不按温度、湿度、通风排序,而按温度、通风、湿度排序呢? 原因很简单,人工孵化的方法仿效于母禽抱蛋。母禽抱蛋选在干燥的地方,鸟类多在树上,一次孵化的个数不多,故通风不必顾及太多;人工孵化就不同了,现代孵化器的容蛋量在数千数万个以上,如此,通风就显得重要了,况且,前几年许多试验都证明无水孵化不影响或不太影响孵化率。

3. 湿度

可用干湿球温度计测定孵化器内的相对湿度,孵化器内的相对湿度应经常保持在53%～57%,开始出雏时,提高到70%左右。

二、孵化前的准备工作

1. 制定孵化计划

在孵化前,要根据孵化与出雏能力、种蛋数量等具体情况订出孵化计划。一旦计划制定好后,非特殊情况不能随便更改,以免影响整体计划和生产安排。

一般情况下每周入孵2批或每3天入孵1批工作效率较高。若孵化任务大时,可安排在16～18天落盘,每月可多入孵1～2批。

2. 准备好所有用品

入孵前一周应把一切用品准备好,包括照蛋器、干湿温度计、消毒药品、马立克疫苗、装雏箱、注射器、清洗机、易损电器元件、电动机、皮带、各种记录表格、保暖或降温设备等。

3. 温度校正与试机

新孵化机安装后,或旧孵化机停用一段时间,再重新启动,都要认真校正检验各机件的性能,尽量将隐患消灭在入孵前。

4. 消毒

孵化前要对孵化机、出雏机、出雏盘及车间空间进行全面消毒。

首先对孵化机要清洗干净,防止水进入控制柜内,防止开机时造成断路烧损电器。然后才能进行熏蒸消毒,按每立方米用福尔马林 30 毫升,高锰酸钾 15 克,温度升到 24 ℃,湿度 75％以上时密闭熏蒸 1 小时,然后通风 1 小时,驱除气味。出雏机也同样消毒。

5. 种蛋预热

入孵前把种蛋放到不低于 22～25 ℃的环境下 4～9 小时或 12～18 小时预热,能使胚胎发育从静止状态中逐渐苏醒过来,减少孵化器温度下降的幅度,除去蛋表凝水,可提高孵化率。在整机入孵时,温度从室温升至孵化规定温度需 8～12 小时,就等于预热了,不必再另外预热。

6. 码盘

码盘即种蛋的装盘,即把种蛋一枚一枚放到孵化器蛋盘上再入机器内孵化。人工码盘的方法是挑选合格的种蛋大头向上,小头向下一枚一枚的放在蛋盘上。若分批入孵,新装入的蛋与已孵化的蛋交错摆放,这样可相互调温,温度较均匀。为了避免差错,同批种蛋用相同的颜色标记,或在孵化盘贴上胶布注明。

经过以上准备工作后,一旦装机孵化就要昼夜 24 小时看护。

7. 看护人员主要工作

(1)查看温度:按照要求及孵化胚龄和室温高低,调整好正常温度范围。

(2)查看湿度:适当的湿度能让孵化初期胚胎受热良好,孵化后期有利于胚胎散热,也有利于破壳出雏。因此要注意经常清洗或更换湿度计上的纱布条,防止钙盐沉积变硬,影响准确度;并定期向湿度计水管中注入蒸馏水或凉开水,以防止水干后,测不出湿度。

(3)通风换气:入孵开机后,当孵化器温度达到标准时,应打开进出气孔通风。以保证室内空气新鲜,给胚胎的正常发育创造一个良好的环境条件。开始少开一些,然后逐渐全开,将风扇转速控制在每分 120 转为宜。

(4)照蛋:就是采用验蛋器的灯光透视胚胎发育情况,及时捡出无精蛋、死胚蛋、破损蛋、臭蛋,同时观察胚胎发育是否正常,及时采取相应的措施,以利于提高孵化率。

三、孵 化

孵化鸡的方法有两种:一是利用母鸡自身的抱窝性进行孵化,称作自然孵化法;二是在人工孵化条件下进行孵化,称作人工孵化法。

1. 自然孵化法

这是我国广大农村家庭养鸡一直延用的方法。这种方法的优点是设备简单、管理方便、孵化效果好,雏鸡由于有母鸡抚育,成活率比较高。但缺点是孵量少、孵化时间不能按计划安排,因此,只限于饲养量不大的农家使用。

(1)抱窝鸡的选择:要选择个体较大、健壮、温顺、抱窝性强的母鸡。

(2)抱窝地点及窝巢布置:将抱窝鸡放在箩、盆或木箱做成的窝巢内,窝内垫草,置于安静、避光、干燥、通风处,并要防止猫、鼠等的侵害。

(3)抱窝鸡的管理:首先对抱窝鸡进行驱虱,可用除虱灵抹在鸡翅下。然后视鸡体大小放一定数量的种蛋,一般放 20 枚左右。每天定时喂料、饮水和让鸡排粪。放出时间不宜过长,一般 20 分钟左右,为不使种蛋受凉可在窝上盖一覆盖物。如抱窝性强的鸡不愿离巢,一定要定时抓出,让其吃食、饮水、排粪。孵化过程中分别于第 7 天和第 18 天各验蛋一次,将无精蛋、死胚蛋及时取出,出壳后应加强管理将出壳的雏鸡和壳随时取走。为使母鸡安静,雏鸡应放置在离母鸡较远的保暖的地方,待出雏完毕、雏鸡绒毛干后接种疫苗,然后将雏鸡放到母鸡腹下让母鸡带领。出雏结束立即清扫、消毒窝巢。

2. 人工孵化

人工孵化方法较多,如火炕孵化法、机器孵化法和桶孵法等。小型养殖场可用中、小型煤、电、气多功能全自动孵化设备孵化。

(1)火炕孵化法:火炕孵化是农村传统的孵化方法之一。火炕孵化可以说不需要设备投资。为了增加孵化量,提高房间的利用率,在一般住房内两侧砌造火炕,中间留有走道,炕上设两层出雏层。在房外设炉灶,火烟通过火炕底道由另一端烟筒排出,使炕面温度达到均匀平衡。炕上放麦秸,铺苇席。出雏层用木头作支架吊在房梁上,将秫秸平摊,上面铺棉絮,四面不靠墙。孵化时,将种蛋平摆于木制的蛋盘内,盘底由纱布作成。每盘装 50～100 只蛋,按次序一盘一盘地平放在炕面上,上用棉被盖好。每次可孵化5000～10000 只蛋。装蛋之前,先用铁丝筛盛蛋,放入 42～45 ℃的热水中洗烫 7～8 分钟,进行消毒预温。

每天烧火2～3次,使炕面温床温度达42℃,蛋面温度最初一周左右38～39℃,以后下降到37℃,室内温度用炉火控制在32℃左右。若两个炕流水作业,按先后时间,分别控制不同温床,先批入孵的炕温为38～39℃,转移到另一炕上,温度保持在37.5℃。初学孵化时,要靠温度表掌握温度,温度表分别放在炕面和种蛋上,有经验以后,可以不用温度计,靠感觉或把蛋置于眼皮上的感觉估量,可以相当准确。室内的湿度靠炉火上的水壶溢气调节。

整个孵期验蛋二次,入孵后第6～7天验蛋一次,可以准确地捡出无精蛋,入孵后第18天,进行第二次验蛋,捡出死胎蛋,并把正常发育的种蛋移到出雏摊上去准备出雏。正常情况下21天出雏,出雏时每两小时捡一次雏,放在事先准备好的雏鸡筐或雏鸡盒内。

在整个孵化期间,每天要揭开棉被翻蛋6～8次,随翻随调换蛋盘的位置,由于手工翻蛋时间较长,也就等于晾蛋了。

如果有条件,最好在把孵化房和孵化所有用具(包括雏筐和雏盒等)备齐后,一起用福尔马林熏蒸20分钟(按每立方米28毫升)进行消毒。

(2)机器孵化法(图5-2)

1)准备工作:孵化室要保温、保湿、通风良好。保持孵化室温度22℃,不低于20℃,不高于24℃。相对湿度保持在55%～60%。用福尔马林熏蒸消毒孵化室的地面、墙壁、蛋盘、出雏盘。孵化前,开动孵化机,试机1～2天,如控制系统操作灵敏,一切机体运转正常,即可入孵。

2)入孵:入孵前12小时左右,将装好盘的种蛋移至孵化室中,在23℃条件下存放18小时进行预温。

3)孵化管理

①温度:每隔半小时观察1次温度,每隔2小时记录1次,确

图 5-2　孵化机

保机内温度恒定、适宜。

②湿度：孵化器适宜湿度 50％～60％，出雏器 65％～75％。用干湿球温度计指示机内相对湿度。

③通风换气：孵化室内空气要新鲜，应经常打开门窗，进行通风换气。随着胎龄的增加，可逐渐开大孵化机的风门，加大通风量。夏天气温高，湿度大，机内热量不易散发，应注意增加通风换气量。

④翻蛋：一般每天翻蛋 6～8 次。有自动翻蛋装置的孵化机，可每小时翻蛋 1 次。翻蛋角度以水平位置前俯后仰各 45°为宜，翻蛋时动作要轻、稳、慢。

⑤晾蛋：入孵后第 7 天开始，如果温度较高，为及时散发多余的热量，每天要晾蛋 1～2 次，每次 10～20 分钟。人工孵化，晾蛋应根据胚龄、季节而定。中期胚胎本身发热少，晾蛋时间不宜过长，一般 5～15 分钟。后期胚胎产热多，天气炎热，晾蛋时间可延长到 10～20 分钟。晾蛋时间的掌握，最可靠的还是看蛋温。一般

使蛋温逐渐降低,当用眼皮试温(以蛋贴眼皮)稍感微凉(约 33 ℃ 左右)。晾蛋可结合翻蛋进行。

⑥照蛋:照蛋在暗光条件下进行。孵化期间,一般照蛋 2 次。

第一次照蛋在入孵后 5～7 天进行,以及时剔出无精蛋、死胚蛋、弱胚蛋和破蛋。发育正常的活胚蛋,可明显看到黑色眼点,血管呈放射状,蛋稍呈红色。无精蛋,蛋色浅黄,发亮,看不到血管或胚胎;死胚蛋,可见血环(或血点、血线)紧贴壳上,有时可见到死胚的小黑点贴壳静止不动,蛋色浅白。弱胚蛋,胚体小,黑色眼点不明显,血管纤细,有的看不到胚体和黑眼点,仅仅看到气室下缘有一定数量的纤细血管。

第二次照蛋在第 18 天或第 19 天结合移盘进行,剔出死胚蛋和第一次照蛋时遗漏的无精蛋。此时发育正常的活胚蛋,气室向一侧倾斜,有黑影闪动,胚蛋暗黑。死胚蛋气室小且不倾斜,边缘模糊不清,色粉红、淡灰或黑暗,胚胎不动。弱胚蛋气室较正常胚蛋的小,且边缘不整齐,可看到红色血管。

⑦移盘:第二次照蛋后,将胚蛋移至出雏盘中,称为移盘。移盘后停止翻蛋,增加水盘,提高湿度,准备出雏。

⑧出雏和捡雏:孵满 20 天便开始出雏。出雏时雏鸡呼吸旺盛,要特别注意换气。

捡雏分 3 次进行:第一次在出雏 30％～40％时进行;第二次在出雏 60％～70％时进行;第 3 次全部出雏完时进行。出雏末期,对少数难于出壳的雏鸡,如尿囊血管已经枯萎者,可人工助产破壳。正常情况下,种蛋孵满 21 天,出雏即全部结束。每次捡出的雏鸡放在分隔的雏箱或雏篮内,然后置于 22～25 ℃的暗室中,让雏鸡充分休息。

捡雏时,必须对初生雏鉴别选择,及时淘汰残次雏(图 5-3),并将强雏与弱雏分开装运和饲养。

强雏:精神活泼,眼大有神,绒毛整洁、光亮,腹部柔软,蛋黄吸

图 5-3 选雏

收良好,两足站立结实,握在手中,感到饱满温暖、挣扎有力。

弱雏:精神呆滞,眼小嗜睡,两足站立不稳,脐带愈合不良或带血、喙、脚颜色很淡,体重过小,绒毛蓬乱,肛门周围有时粘有黄白色稀粪。弱雏应单独装箱,以便分开养育。

⑨清扫消毒:出雏结束后,清扫、消毒出雏机和出雏室。

⑩雏鸡出壳前后管理

雏鸡出壳前:落盘时手工将种蛋从孵化蛋盘移到出雏盘内,操作中室温要保持 25 ℃左右,动作要快,在 30～40 分钟内完成每台孵化机的出蛋,时间太长不利胚胎发育。适当降低出雏盘的温度,温度控制在 37 ℃左右。适当提高湿度,湿度控制在 70%～80%。

雏鸡出壳后:鸡孵化到 20 天大批破壳出雏,整批孵化的只要捡二次雏即可清盘;分批入孵的种蛋,由于出雏不齐则每隔 4～6 小时捡一次。操作时应将脐带吸收不好、绒毛不干的雏鸡暂留出雏机内。提高出雏机的温度 0.5～1 ℃,鸡到 21.5 天后再出雏作为弱雏处理。鸡苗出壳 24 小时内做马立克疫苗免疫并在最短时间内将雏鸡运到育雏舍。

4）孵化过程中停电的应及处理：要根据停电季节，停电时间长短，是规律性的停电还是偶尔停电，孵化机内鸡蛋的胚龄等具体情况，采取相应的措施。

①早春，气温低，室内若没有加取暖设备，室温度仅（5～10 ℃），这时孵化机的进、出气孔一般全是闭着的。如果停电时间在 4 小时之内，可以不必采取什么措施。如停电时间较长，就应在室内增加取暖设备，迅速将室温提高到 32 ℃。如果有临出壳的胚蛋，但数量不多，处理办法与上述同。如果出雏箱内蛋数多，则要注意防止中心部位和顶上几层胚蛋超温，发觉蛋温烫眼时，可以调一调蛋盘。

②气温超过 25 ℃，电孵机内的鸡蛋胚龄在 10 天以内的，停电时可不必采取什么措施，胚龄超过 13 天时，应先打开门，将机内温度降低一些，估计将顶上几层蛋温下降 2～3 ℃（视胚龄大小而定）后，再将门关上，每经 2 小时检查 1 次顶上几层蛋温，保持不超温就行了，如果是出雏箱内开门降温时间要延长，待其下降 3 ℃以上后再将门关上，每经 1 小时检查 1 次顶上几层蛋温，发现有超温趋向时，调一下盘，特别注意防止中心部位的蛋温超高。

③室内气温超过 30 ℃停电时，机内如果是早期的蛋，可以不采取措施，若是中、后期的蛋，一定要打开门（出、进气孔原先就已敞开），将机内温度降到 35 ℃以下，然后酌情将门关起来（中期的蛋）或者门不关紧，尚留一条缝（后期的蛋），每小时检查 1 次顶上几层的蛋温。若停电时间较长，或者是停电时间不长，但几乎每天都有规律地暂短停电（如 2～3 小时），就得酌情每天或每 2 天调盘1 次。

为了弥补由于停电所造成的温度偏低（特别是停电较多的地区），平时的孵化温度应比正常所用的温度标准高 0.28 ℃）左右。这样，尽管每天短期停电，也能保证鸡胚在第 21 天出雏。

四、孵化过程中应注意的问题

1. 出壳的整齐度

根据落盘时的啄壳情况,总结并合理制定上蛋时间。在孵化技术掌握正常的前提下,由于种鸡产蛋周龄和种蛋贮存期之不同也会影响到出壳的整齐度。

为了提高出壳的整齐度,一般情况下,产蛋初期及后期的种蛋、贮存期超过 7 天的种蛋、应提前 6 小时入孵。上蛋后待孵化温度升到设定值时。以 28 毫升/立方米甲醛和 14 毫升/立方米的高锰酸钾熏蒸 20 分钟或开消毒灯 30 秒(避开已孵化 24～96 小时胚龄的胚蛋)。

整批入孵的,照蛋后在孵化机内(带种蛋)用 28 毫升/立方米的甲醛和 14 毫升/立方米的高锰酸钾熏蒸 20 分钟。

(1)落盘:孵化到第 19 天落盘,挑出死胎。把胚蛋在孵化机内的上、下、前、后位置,调到出雏机的下、上、后、前位置上。落盘后,及时把孵化机内打扫干净,以 46 毫升/立方米的甲酸熏蒸 20 分钟。

(2)捡雏:待大部分鸡出壳,有 5%的颈后绒毛未干时开始捡鸡雏,清点好只数。详细记录,捡鸡后及时挑选鸡苗。分清健雏、弱雏。

(3)存放:选雏结束后,把雏鸡放在通风良好,温度 25 ℃,湿度 50%适宜的环境下,并根据停放时间,脱水情况进行带鸡喷水。

(4)扫摊:待出雏结束后,捡出毛蛋,清点好个数并详细记录,然后把出雏机彻底打扫干净待用。以上的几个操作要点中,动作都应做到轻、稳、快。

2. 孵化过程中的臭蛋

在孵化过程中,很容易产生臭蛋。臭蛋的危害很大,处理不当将严重影响孵化效益。下边就臭蛋的危害、形成、处理及预防四个方面作一简述。

（1）臭蛋的危害：臭蛋不仅污染环境影响孵化率，而且危害雏鸡健康。其危害机理主要是：臭蛋内容物含大量绿脓杆菌，臭蛋一旦爆裂，绿脓杆菌就会侵入正常种蛋内部繁殖，引起这些正常发育种蛋胚胎死亡、发臭，变成另一臭蛋污染源，再污染其他种蛋，形成恶性循环。另外，臭蛋内含有高浓度的硫化氢气体，散发在孵化室内，影响胚胎的呼吸代谢。如果室内硫化氢达到较高浓度，将造成胚胎窒息死亡，从而影响出雏率。

（2）臭蛋的形成：臭蛋的形成是细菌感染种蛋的结果。这些细菌多属假单孢菌属，主要是绿脓杆菌。臭蛋形成的原因主要有以下几个方面：

①母鸡羽毛、脚、粪便、垫料及鸡舍设备污染了蛋壳，随着蛋产出后的迅速冷却，内容物收缩，附着在蛋壳上的细菌随之侵入蛋内繁殖。

②破蛋、裂纹蛋及薄壳蛋，细菌很容易侵入蛋内。

③由于臭蛋的爆炸，污染同机孵化的种蛋。

④孵化用具消毒不严，污染孵化的种蛋。

（3）臭蛋的处理：孵化过程中，若发现臭蛋，及被污染的种蛋应轻轻移出该孵化盘，取下没被污染的种蛋，码入另一消毒过的清洁盘中，插入孵化器内。臭蛋及被污染的种蛋装入密封容器内，清出孵化室；孵化盘用5％次氯酸浸泡24小时，彻底清洗后再用。

（4）臭蛋的预防

①严格挑选种蛋。脏蛋、破蛋、裂纹蛋、薄壳蛋不能入孵，禁止用湿抹布擦拭种蛋。

②搞好种蛋消毒。种蛋从鸡舍内捡出后，立即用高锰酸钾、福尔马林熏蒸20分钟后送入蛋库，上蛋后在孵化室内再熏蒸20分钟。

③照蛋,落盘时应及时发现并除去臭蛋、裂纹蛋。

④搞好孵化用具及孵化室的清洗消毒。孵化用具如蛋盘,出雏盘要用药液浸泡,冲掉蛋皮、蛋液和胎粪、黏液等污垢。出雏机出雏完要彻底消毒 1 次。孵化室地面每两天坚持用 5% 次氯酸钠或 10% 来苏儿消毒 1 次。

3. 提高种蛋孵化率的关键

(1)运输管理:种蛋进行孵化时,需要长途运输,这对孵化率的影响非常大,如果措施不到位,常会增加破损,引起种蛋系带松弛、气室破裂等,从而导致种蛋孵化率降低。

种蛋运输应有专用种蛋箱,装箱时箱的四壁和上下都要放置泡沫隔板,以减少运输途中的振荡。每箱一般可装 3 层托盘,每层托盘间也应有纸板或泡沫隔板,以降低托盘之间的相互碰撞。

种蛋运输过程中应避免日晒雨淋,夏春季节应采用空调车,运蛋车应做到快速平稳行驶,严防强烈振动种蛋装卸也应轻拿轻放,防止振荡导致卵黄膜破裂。种蛋长途运输应采用专用车,避免与其他货物混装。

(2)加强种蛋储存管理:种蛋产下时的温度高于 40 ℃,而胚胎发育的最佳温度为 37 ℃、38 ℃,种蛋储存最好在"生理零度"的温度之下。

研究表明,种蛋保存的理想环境温度是 13~16 ℃,高温对种蛋孵化率的影响很大,当储存温度高于 23 ℃时,胚胎即开始缓慢发育,会导致出苗日期提前,胚胎死亡增多,影响孵化率,当储存温度低于 0 ℃时,种蛋会因受冻而丧失孵化能力。保存湿度以接近蛋的含量为宜,种蛋保存的相对湿度应控制在 75%~80%。如果湿度过高,蛋的表面回潮,种蛋会很快发霉变质;湿度过低,种蛋会因水分蒸发而影响孵化率。

种蛋储存应有专用的储存室，要求室内保温隔热性能好，配备专用的空调和通风设备。并且应定期消毒和清洗，保存储存室可以提供最佳的种蛋储存条件。种蛋储存时间不能太长，夏季一般3天以内，其他季节5天以内，最多不超过7天。

（3）不要忽视装蛋环节：孵化前装蛋应再次挑蛋，在装蛋时一边装一边仔细挑选，把不合格的种蛋挑选出来。种蛋应清洁无污染；蛋形正常，呈椭圆形，过长过圆等都不适宜使用；蛋的颜色和大小应符合品种要求，过小过大都不应入孵；蛋壳表面致密、均匀、光滑、厚薄适中，钢皮蛋、沙壳蛋、畸形蛋、破壳蛋和裂蛋等都要及时剔除。装蛋时应轻拿轻放，大头朝上。种蛋装上蛋架车后，不要立即推入孵化机中，应在20～25℃环境中预热4～5小时，以避免温度突然升高给胚胎造成应激，降低孵化率。

为避免污染和疾病传播，种蛋装上蛋架车后，应用新洁尔或百毒杀溶液进行喷雾消毒。

（4）控制好孵化的条件

①温度：鸡胚对温度非常敏感，温度必须控制在一个非常窄的范围内。胚胎发育的最佳温度37～38℃，若温度过高，胚胎代谢过于旺盛，产生的水分和热量过多，种蛋失去的水分过多，可导致死胚增多，孵化率和健苗率降低；温度过低，胚胎发育迟缓，延长孵化时间使胚胎不能正常发育，也会使孵化率和健苗率降低。

胚胎的发育环境是在蛋壳中，温度必须通过蛋壳传递给胚胎，而且胚胎在发育中会产生热量，当孵化开始时产热量为零，但在孵化后期，产热量则明显升高。因此，孵化温度的设定采取"前高、中平、后低"的方式。

②湿度：胚胎发育初期，主要形成羊水和尿囊液，然后利用羊水和尿囊液进行发育。孵化初期，孵化机内的相对湿度应偏高，一般设定为60％～65％，孵化中期孵化机内的相对湿度应偏低，一般设定为50％～55％。

③通风换气：孵化机采用风扇进行通风换气，一方面利用空气流动促进热传递，保持孵化机内的温度和湿度均匀一致；另一方面供给鸡胚发育所需要的氧气和排出二氧化碳及多余的热量。孵化机内的氧气浓度与空气中的氧气浓度达到一致时，孵化效果最理想。研究表明，氧气浓度若下降1％，则孵化率降低5％。

④翻蛋：翻蛋可使种蛋受热均匀，防止内容物粘连蛋壳和促进鸡胚发育。在孵化阶段（0～18天）通常采取翻蛋的措施，翻蛋频率以2小时1次为宜。对于孵化机的自动翻蛋系统，应经常检查其工作是否正常，发现问题要及时解决。

⑤出雏：通常情况下，孵化到第18天时，应从孵化机中移出种蛋进行照蛋，挑出全部坏蛋和死胚蛋，把活胚蛋装入出雏箱，置于车架上推入出雏机直到第21天。出雏阶段的温度控制在36～37℃；湿度控制在70％～75％，因为这样的湿度即可防止绒毛粘壳，又有助于空气中二氧化碳在较大的湿度下使蛋壳中的碳酸钙变成碳酸氢钙，使蛋壳变脆，利于雏鸡破壳；同时，保持良好的通风，也可以保证出雏机内有足够的氧气。在第21天大批雏鸡捡出后，少量尚未出壳的胚蛋应合并后从新装入出雏机内，适当延长其发育时间。出雏阶段的管理工作非常重要，温度、湿度、通风等一旦出现问题，即使时间较短，也会引起雏鸡的大批死亡。

4. 孵化期胚胎死亡

鸡蛋在孵化期常出现胚胎死亡现象，给养殖户造成损失。引起胚胎死亡的原因是多方面的。现笔者就前期、中期、后期、出雏四个阶段分析总结如下。

（1）孵化前期（1～5天）

①种蛋被病菌污染：病菌主要是大肠杆菌、沙门杆菌等，或经母体侵入种蛋，或检蛋时未妥善处理，被病菌直接感染，造成胚胎死亡。

因此种蛋在产后 1 小时内和孵化前都要严格消毒,方法为 1:1000 新洁尔灭溶液喷于种蛋表面,或按每立方米空间 30 毫升福尔马林加 15 克高锰酸钾熏蒸 20～30 分钟,并保持温度为 25～27 ℃,湿度 75%～80%。

②种蛋保存期过长:陈蛋胚胎在孵化开始的 2～3 天内死亡,剖检时可见胚盘表面有泡沫出现、气室大、系膜松弛,因此种蛋应在产后 7 天内孵化为宜。

③剧烈震动:运输中种蛋受到剧烈震动,致使系膜松弛、断裂、气室流动,造成胚胎死亡。因此,种蛋在转移时要做到轻、快、稳,运输过程中做好防震工作。

④种蛋缺乏维生素 A:胚胎缺乏必需的营养成分导致死亡,在种鸡饲养时应保证日粮营养丰富、全面。

(2)孵化中期(6～13 天):胚胎中期死亡主要表现为胚位异常或畸形。主要是种蛋缺乏维生素 D、维生素 B_2 所致。应加强种鸡的饲养。

(3)孵化后期(14～16 天)

①通风不良,缺氧窒息死亡,剖检可见脏器充血或淤血,羊水中有血液。因此,必须保持孵化室内通风良好,空气清鲜,氧气达到 21%,二氧化碳为 0.04%,不得含有害气体。

②温度过高或过低。温度过低,胚胎发育迟缓;温度过高,脏器大量充血,出现血肿现象。孵化期温度控制的原则是前高、中平、后低,即前中期为 38 ℃后期为 37～38 ℃。

③湿度过大或过小。湿度过大,胚胎出现"水肿"现象,胃肠充满液体;湿度过小,胚胎"木乃伊"化,外壳膜、绒毛干燥。湿度控制原则是两头高、中间低,即前期湿度为 60%～65%,中期为 50%～55%,后期为 60%～70%。

(4)出雏(17～18 天):出雏死亡表现为未啄壳或虽啄壳但未能出壳而致死亡。原因是:①种蛋缺乏钙、磷;②喙部畸形。

综合以上原因可知,前期鸡胚胎死亡主要是因为种蛋不好,或因内源性感染,中期主要是营养不良,后期主要是孵化条件不良所致。养殖户应对症下药,加强管理,积极预防,以取得最大的经济效益。

第六章　圈养期饲养管理

第一节　鸡的分期

　　果园、山林散养土鸡,首先要合理安排投养期:小鸡投苗期最好选在每年农历 2~5 月份,这一段时间气候开始回暖,渐渐日长夜短,有利万物生长;养到 210 天左右,产蛋高峰适在 9~10 月,秋高气爽,是鸡产蛋性能最佳的季节;产蛋下降后正逢元旦、春节,淘汰的蛋鸡又可卖个好价。其次,要掌握好产蛋鸡饲养的几个关键环节:

1. 育雏期的饲养管理(0~5 周龄)

　　雏鸡出壳时孵化室的温度约为 37 ℃左右,雏鸡的体温调节功能不健全,不能直接把雏鸡放到山坡上散养,应在育雏室中育雏,在育雏室的时间不能少于 5 周。

　　鸡舍内温度控制在 25 ℃左右,保温伞下温度在 30~32 ℃,随着鸡龄增加,温度每周下降 2~3 ℃。每天定期开窗、开门 4~6 次。光照时间开始时 24 小时,随着小鸡长大,每周减少 1~2 小时直至自然光照。光照强度不宜太强,鸡看得见吃食即可。可敞开喂料,也可每天喂料 4～6 次。保持饮水卫生,做好鸡舍的清洁、消毒等,以提高小鸡的成活率。

2. 育成期(青年期)的饲养管理(6～21 周龄)

此时小鸡已脱温,长有许多羽毛,可自由采食活动,散养面积开始逐渐扩大。整个阶段采用自然光照,让鸡发育体格,提高自身疾病抵抗力。该阶段主要是"长骨骼拉架子",因此,要限制喂料,不宜喂富含蛋白质、能量高的配合饲料,每天早、晚两次补料饲喂,可改用谷粒饲料,如大麦、小米、高粱、玉米、稻谷等,谷粒料不宜轧得太碎,视鸡群发育状况而定。补料量也不要太多,喂至七到八成饱即可。

选择好补料地点后不要轻易改变,每天两次补料前,可用敲鼓、吹哨等方法,使鸡一听到吃食叫声,就会条件反射跑到采食地等料吃。

3. 产蛋期(22 周后)

鸡体成熟进入产蛋期,要停止驱虫,补种疫苗,根据鸡群每天的产蛋量逐渐增加补料量和饲料内的蛋白质、能量等含量,以后随着产蛋量下降相应减少用量。

鸡群产蛋高峰正值秋天,天气早、晚渐冷,日短夜长,鸡群散放不宜太早,要等大多数蛋鸡上午在舍内产完蛋再出去。

因此,舍内要有充足的产蛋箱,以减少地面的脏、破蛋等。舍内食槽要有余料,以使鸡下完蛋可吃到料。舍内还要有足够的栖架,让每只鸡休息好。舍内光照的时间要随产蛋量的上升而增加,最高光照量每天自然光照加上人工光照不少于 17 小时。

第二节　育雏前准备

为了使育雏工作能按预定计划进行，取得理想效果，育雏前必须充分做好各项准备工作。

一、拟定育雏计划

首先，要确定育雏的数量规模，即确定全年总共育雏的数量，分几批养育及每批的只数规模。具体要根据下列方面的因素来定。

1. 房舍、设备条件

如果利用旧房舍和原有设备改造后使用的，主要计算改造后房舍设备的每批育雏量有多少。如果是标准房舍和新购设备，则计算平均每育成一只雏鸡的房舍建筑费及设备购置费，再根据可能用于房舍设备的资金额，确定每批育雏的只数及房舍设备的规模。

2. 可靠的饲料来源

根据育雏的饲料配方、耗料量标准以及能够提供的各种优质饲料的数量（特别要注意蛋白质饲料及各种添加剂的满足供应），算出可养育的只数及购买这些饲料所需的费用。

3. 资金预计

将上述房舍及饲料费用合计，并加上适当的周转资金，算出所需的总投资额，再看实际筹措的资金与此是否相符。

4. 其他因素

要考虑必须依赖的其他物质条件及社会因素如何,如水源是否充足,水质有无问题,特别是电力和燃料的来源是否有保证,育雏必需的产前、产后服务(如饲料、疫苗、常用物资等的供应渠道及产品销售渠道)的通畅程度与可靠性。

最后将这四个方面的因素综合分析,确定每一批育雏的只数规模,这个规模大小应建立在可靠的基础上,也就是要求上述几个因素应该都有充分保证,同时应该结合市场的需求,收购价格和利润率的大小来确定。每一批的育雏只数规模确定后,再根据一年宜于养几批,决定全年育雏的总量。

其次,需要选择适宜的育雏季节和育雏方式,因为选择得当,可以减少费用开支而增加收益。实际上育雏季节与方式的选择,在确定育雏规模和数量时就应结合考虑进去。

二、完成具体的准备工作

1. 房舍

无论改造旧房舍或新建育雏室,都必须根据已定的育雏规模及合理的育雏密度,准备足够的育雏面积。育雏室应该保温良好,便于通风、清扫、消毒及饲喂操作。用前需经修缮,堵塞鼠洞。

2. 保温设备

无论采用什么热源,都必须事先检修好,进雏前经过试温,确保无任何故障。如有专门通风、清粪装置及控制系统,也都要事先检修。

3. 育雏设备及用具的准备

根据育雏规模,准备好育雏伞、料槽、饮水器、饲料、疫苗、药品、垫草、燃料、围栏、资金、育雏记录表等。

(1)料槽要求：数量充足，所有鸡都能同时吃食；高低大小适当，槽高与鸡背高度相近；结构合理，减少饲料浪费。

在3周龄内每只鸡占有4厘米，8周龄内每只占6厘米。料槽的高低大小至少应有两种规格：3周龄内鸡料槽高4厘米、宽8厘米、长80～100厘米；3周龄以后换用高6厘米、宽8～10厘米、长100厘米左右的料槽；8周龄以上，随鸡龄增长可以将料槽相应地垫起，使料槽高度与鸡背高相同。

(2)饮水器：雏鸡饮水最好采用真空饮水器。它是由水罐和托水盘组成。水罐口部有一个出水孔，出水孔的直径为0.5厘米，离口1.5厘米高，用以控制水盘的水位高度。水罐大小一般是高30厘米，口部直径20厘米，底部直径10厘米。托水盘高3厘米，直径24厘米。这样使水盘的水深控制在1.5厘米，水面宽度2厘米，较为适宜。

4. 供温设施测试

进雏前2～3天，对育雏舍进行供温和试温，观察能否达到育雏要求的温度，能否保持恒温，以便及时调整。做好安全检查，用煤火供温要有烟囱，有煤气出口，并注意防火灾。

5. 饲料

每批育雏之前，应按计划需要将这批鸡的全部饲料定购落实，并要保证品质良好，不霉变。

6. 垫料与燃料

均要按计划的需要量提前备足。

7. 药品

常用药品应有适量的备用品。消毒药如煤酚皂、紫药水、新洁尔灭、烧碱、生石灰、汽油、高锰酸钾、甲醛等；用以防治白痢病、球虫病的药物如痢特灵、球痢灵、氯苯肌、土霉素等。

8. 免疫

免疫程序规定所用的疫苗必须提前订购，或者承包给某兽医站按时进行免疫接种。

9. 消毒

每批鸡转出后先扫出粪便及垫料，然后用铁铲铲净，再次清扫，接着再用水冲洗，刷洗干净，最后是地面及 1 米以下的墙壁用 8%～10% 的熟石灰水，1% 的烧碱水喷洒或涂刷，有条件时再用汽油喷灯进行火焰消毒，效果更好。

金属设备洗净后可用 0.1% 的新洁尔灭溶液加 0.5% 的亚硝酸钠喷洒。也可用 3.1% 的煤酚皂溶液喷洒消毒设备、用具及鸡舍地面。

如果房舍严密时，最好进行一次熏蒸消毒。方法是在上述消毒的基础上，铺入垫料，摆好设备用具，密闭门窗，按每立方米空间用福尔马林（40% 的甲醛溶液）42 毫升、高锰酸钾 21 克的剂量，将药在搪瓷或陶瓷器皿中混合（注意器皿容量要比药量大 4～5 倍，以防消毒过程中溢出），人迅速离开，密闭房舍，经过一个夜晚的消毒后，打开门窗排出气味即可。消毒后育雏室内不得随便进出人员等。

第三节　育　雏

一、雏鸡的生理特点

雏鸡的体温调节功能不健全，不能直接把雏鸡放到山坡上散养，应在育雏室中育雏，在育雏室的时间不能少于 30 日。育雏室的温度从 1 日龄的 37 ℃降到 30 日龄 22 ℃，湿度从 1 日龄 75％降到 30 日龄的 55％。

1. 抗寒能力差

幼雏绒毛稀短，抗寒能力差。幼雏在 10 日龄以前最高体温要比成年鸡低 3 ℃左右，为 39 ℃左右，10 日龄以后才逐渐恒定，达到正常体温。所以雏鸡需要依靠人工加温来维持正常的体温。

2. 消化能力弱

幼雏嗉囊和肌胃容积很小，贮存食物有限，消化机能尚未发育健全，消化能力差。因此要求饲料养分充足，营养全面，容易消化，特别是蛋白质饲料要充足。

3. 幼雏抵抗力差

幼雏代谢旺盛，生长发育快，对外界抵抗力差。雏鸡敏感性强，对饲料中的各种营养成分缺乏或有毒药物的过量，都会很快反应出病理症状。

4. 免疫力弱

雏鸡抵抗力弱，很容易受到各种有害微生物的侵袭而感染疾病。

5. 雏鸡胆小，合群性强

舍内各种音响和噪音，以及各种新奇的颜色或生人进入，都可引起鸡群骚乱，影响生长发育。

二、育雏季节的选择

能够做到环境控制的鸡场可全年育雏，要根据鸡群周转计划进行安排。对于条件差的鸡场或农户养鸡来讲，育雏的适期为2～5月，即春季育雏。因2～5月气温较低，不利于致病菌的繁殖，雏鸡群不易暴发疾病。

同时，室外气温逐渐上升，天气较干燥，有利于雏鸡群降温、离温，适合雏鸡的生长发育。特别是这一时期育的雏，在7～8月已经长成大雏，能有效抵御梅雨季节的潮湿气候。更重要的是，在正常的饲养管理条件下，春雏到了9～10月可全部开产，一直产到第二年夏季，第一个产蛋年度时间长，产蛋量高，蛋重大。

季节与育雏的效果有密切关系，因此育雏应选择适合的季节，并应根据不同地区和环境条件进行选择。在自然环境条件下，一般以春季育雏最好，初夏与秋冬次之，盛夏最差。

农家养鸡采用的育雏舍主要是开放式和半开放式育雏舍，因此，以春季育雏为宜。

1. 春雏

指3～5月份孵出的鸡雏，尤其是3月份孵出的早春雏。春季气温适中，空气干燥，日照时间长，便于雏鸡活动，鸡的体质好，生长发育快，成活率高。春雏开产早，第一个生物学产蛋年度时间长，产蛋多，蛋大，种用价值高。

2．夏雏

指 6～8 月份出壳的小鸡雏。夏季育雏保温容易，光照时间长，但气温高，雨水多，湿度大，雏鸡易患病，成活率低。如饲养管理条件差，鸡生长发育受阻，体质差，当年不开产，产蛋持续期短，产蛋少。

3．秋雏

指 9～11 月份出壳的小鸡雏。外界条件较夏季好转，发育顺利，性成熟早，开产早，但成年体重和蛋重减小，产蛋时间短。

4．冬雏

指 12 月至翌年 2 月份出壳的鸡雏。保温时间长，活动多在室内，缺乏充足的阳光和运动，发育会受到一定影响。但疾病较少，育雏率较高，由于育成时间长，饲养成本较高。

三、育雏方式

一般把雏鸡自出壳到 5 周龄这个阶段叫做育雏期。常用的育雏方式有：

1．火炕育雏

火炕育雏，设备简单，方法简便。火炕育雏可用煤、柴草等，热源经济育雏操作简便。火炕周围用苇席、木板、纸板等材料制成育雏器拦板，将鸡雏拦于炕上，炕面铺 2 厘米厚干砂子或碎草，炕中间距离垫料 5 厘米高处悬吊一支温度计。如炕上温度低于育雏最适宜温度，可在苇席或拦板上罩一层塑料薄膜。还要注意通风，观察温度，随时起罩薄膜，避免因观察不及时温度过高。火炕温度（育雏器温度）一般为 32～35 ℃。

2. 烟道育雏

烟道育雏是在育雏室里用砖或土坯搭起一个离地面约 25 厘米高、40 厘米宽的烟道。烟道长度依育雏室的大小和育雏的数量而定。为了有效使用并节约能源，又能使雏鸡活动的小环境内保持较高的温湿度，在烟道上架起一个 60 厘米高、1 米宽的框架，上部蒙上塑料布，塑料布距地面 10 厘米距离。这样只要把塑料棚里边的温湿度调节到育雏的要求就可以了，同时也利于雏鸡出棚活动。

也可采用地下烟道。地下烟道好处较多，室内利用面积大，温度均衡，地面干燥，便于管理。

3. 火墙育雏

火墙育雏是在育雏室的隔断墙内做烟道，炉灶设在墙外。火墙比火炕升温快，但雏鸡活动的地面往往温度不高，因而用网上育雏为宜。

4. 育雏伞育雏

育雏伞是用电、煤气、沼气等作热源的一种圆锥形育雏用具，也可用煤炉作热源。使用煤炉作热源时，炉膛内一定要搪上 4～5 厘米厚的黄泥，以防散热过快造成暴热。另外，距火体 15 厘米的距离要围上铁丝网罩，防止小鸡贴近炉体引起烫伤；伞外 1 米处用席子围上；铁丝网罩和席子之间的地面要铺塑料布。育雏伞上顶要封死，火炉门处要留伞门，伞下缘要有支脚（10 厘米左右），以便管理炉火和小鸡的出入。

5. 网上育雏

即将雏鸡养在离地面 60～80 厘米高的铁丝或塑料网上。网的结构有网片和框架两部分，网片采用直径 3 毫米冷拔钢丝焊成，网眼一般以 1.25 厘米×1.25 厘米为好，网片尺寸应与框架相配合；框架是支撑网片的承重结构，四周采用角钢焊接而成，或用木棒支撑。优点是雏鸡不接触粪便，可减少疾病传染的机会，但对微量元素和维生素要求严格。目前已广泛应用。

6. 红外线灯育雏

利用红外线灯散发的热量育雏。红外线灯的规格为 250 瓦，有发光和不发光两种，使用时 2～6 盏成组连在一起，上设灯罩聚热悬挂于离地面 40～60 厘米的高度。为保持温度，灯可调节升降；室温低时，灯可降至 33～35 厘米。第二周起，每周将灯提高 7～8 厘米，直至 60 厘米。每盏灯的保温育雏数与室温有关，因此室内应另有升温设备。

红外线灯育雏的优点是设备简单，使用和安装方便，保温稳定，育雏室内容易保持清洁、地面垫料干燥，雏鸡易自选所需要的温度，通常育雏效果良好。缺点是耗电量大，需要人工调节温度，灯泡易损耗。成本较高，料槽和水槽不能放在灯泡下，否则灯泡很容易损坏。

四、保温方式

育雏离不开保温，保温条件好坏往往是育雏成败的关键。

1. 保温伞取暖

保温伞由热源和伞部组成，它的工作原理是热源散发的热量通过保温伞反射到笼底，伞内保持一定的温度。热源一般使用电阻丝，包埋在瓷盘上，挂于保温伞内。伞是用镀锌薄铁皮制作的。如用非镀锌皮应在伞内涂一层白漆，以增强热量的反射效果。伞可以吊起或垫起，使伞保持适当的高度。伞的直径一般是 1 米，也可根据房舍和雏鸡群大小，有所变化。通常直径为 1 米的保温伞，用 1.6 千瓦电阻丝作热源，用伞位置高低来调节温度，可供

250～300只雏鸡取暖。它的优点是干净卫生,雏鸡可以在伞下自由进出,寻找适当温度。

2. 火炉取暖

这是北方人最常用的取暖方式。一般20～30平方米保温良好的房舍用一个两用炉就可以了,第一周温度要求较高,炉火要旺,特别要注意夜间加煤调节好室温。这种取暖方法较费工,且温度不太容易控制,但是建炉材料和燃料容易解决。使用得当同样也能取得良好的育雏效果。

3. 火炕取暖

习惯睡火炕的地区,可用火炕育雏取暖。火炕与育雏室外的炉灶相通。但是幼雏前两周靠做饭烧水的余热取暖还是不够的,必需根据炕面温度变化增加烧火次数。

4. 红外线灯取暖

红外线灯能散发出较大的热量。在春季温暖的地区,或者选择在比较温暖的季节育雏,需要补充的热量不是很大,可采用红外线灯取暖。为了增强红外线灯的取暖效果,应制作一个大小适宜的保温灯伞,它的伞部与保温伞极为相似,能使红外灯散发的热量集中反射到小鸡身上。一般红外线灯泡的悬吊高度不宜低于70厘米左右。

五、接　雏

雏鸡适应外界环境的能力差,必须做好以下几个方面工作:

1. 接雏前的准备工作

在接雏前一天,应将育雏的鸡舍、用具、保温设备等器具消毒好,保温设备调试好。

2. 挑雏

健壮雏鸡一般表现为：大小符合品种标准；眼大有神，腿干结实，绒毛整齐，活泼好动，腹部收缩良好，手摸柔软富有弹性，脐部没有出血点，握在手里感觉饱满温暖，挣扎有力，叫声清脆响亮。反之，精神萎靡，绒毛杂乱，脐部有出血痕迹等均属弱雏。

选择标准主要有以下几条：

（1）从管理正规、品种纯正又无患过传染病的种鸡场预订雏鸡。接雏前要了解该场的孵化率及出壳时间，若孵化率不高或出壳时间过早、过晚，则雏鸡质量差；还要查看雏鸡马立克疫苗注射情况等。

（2）腹部收缩良好，不是大肚子鸡，下地后能站立。

（3）泄殖腔附近干净，没有黄白色稀粪粘着。

（4）脐带吸收良好，没有血痕存在。

（5）喙、眼、腿、爪等不是畸型，关节不红肿。

凡是符合以上标准的是健康雏鸡，其中有一条标准不符就不要选用。

3. 运雏

若要从种鸡场购买雏鸡，就涉及到运输。在运输之前，要与厂家联系好接雏时间。冬天应在中午前后，夏天应在一早一晚，以免气温过高或过低。

无论冬季或夏季，特别是夏季，雏鸡装箱不要过多，防止挤压死亡。装箱后，要在箱上加盖棉被，冬季用于保暖，夏季用于遮阴和隔热。如果路途不超过半小时，直接接回即可；如果路途较远，每隔半小时应揭开棉被几分钟给雏鸡换换空气。

如果用自行车接运雏鸡，自行车不要打气太足，以减少土道上的颠簸。行车要稳，不要急刹车，急转弯或下坡时要减速，以免小鸡挤压造成死亡。在防止颠簸的前提下，要争取尽快将雏鸡运回，减少途中的时间。

4. 接雏

健康鸡群经过一个晚上休息之后,早上精力充沛、活泼好动、展翅、跳跃、行动快,急于觅食;晚上休息时较安静。如早上行动缓慢、缩头闭目、孤立一角,二翼或尾下垂;晚上休息时可以听到异常的呼吸声音,应将其隔离,查明原因。

健康鸡群排粪软硬适中,呈条状,上面有少量白色尿酸盐,或从盲肠排出茶褐色较黏的粪便。如果粪便稀薄如水,或混有血液、黏液、灰白色假膜,或色彩异常者,均为病态,要立即采取措施。

(1)掌握适当的温度:育雏期间育雏室或育雏器内的温度应保持平稳均匀。一般刚出壳的小雏鸡温度宜高,大雏鸡宜低,小群稍高,大群稍低,夜间稍高,昼间稍低。大致为 0~1 周龄在 30~32 ℃,1~2 周 28~30 ℃,3~4 周 23~28 ℃。一般 1 周后每 3 天降低 1 ℃,直到降到 18~23 ℃为止。温度适宜时,小鸡精神饱满、活泼好动。喂料时到处乱奔、抢着吃料,分散均匀、安稳。温度高时,小鸡抢水喝,远离热源区。温度低时,小鸡拥挤打堆,围在外面的小鸡往中间挤,易压死小鸡。因此,必须随时注意观察小鸡的动态。

雏鸡体温调节能力差,需要有较高的环境温度,必须通过人工加温来保持适宜的室温。

(2)保持日常的湿度和通风换气:10 日龄前可采用水盆供湿,使室内相对湿度达 60%~65%,否则蛋黄吸收不好。饮水过多,易下痢,脚趾干瘪,羽毛生长也慢。10 日龄后要求保持相对湿度为 55%~60%,在此日龄内由于雏鸡体重增加,呼吸量与排粪量也随之增加,使舍内易潮湿,因此要注意通风,并勤换垫料。在育雏中,湿度与通风有时是相对矛盾的,特别在冬季,更为突出,原则上要求在不影响温度的条件下尽量在背风向打开窗门,使空气流通,保持室内空气卫生,如若与保温有严重矛盾时,则以保温为主,仍需适当注意通风。

（3）光照:第 1 周光照时数为 23 小时;第 2 周光照时数减为 16 小时;15 日龄后每周减少 1～2 小时,到 16～18 周龄每日光照时数保持在 9～10 小时。

（4）消毒与防疫:做好定期消毒,每周用百毒杀或其他低毒消毒药带鸡消毒 2 次;育雏舍门口要设置消毒池,每周更换或添加消毒液;根据所饲养鸡种的免疫情况以及当地疾病流行的情况,制订免疫程序并严格执行。

六、雏鸡饮水与开食

1. 饮水

鸡出壳后的第一次饮水称为初饮。初饮一般在初生雏鸡绒毛干后 3 小时开始。雏鸡接运到育雏室后,首先是给其饮水。对于雏鸡应当是先给予饮水,然后再开食。饮水有利于雏鸡肠道的蠕动,吸收残留卵黄,排出胎粪和增进食欲。

初次饮水最好用凉开水,可在水中加 8％的白糖或葡萄糖,0.1％的维生素 C 和 50×10^{-6} 的盐酸恩诺沙星,或饮口服补液盐（将食盐 35 克、氯化钾 15 克、小苏打 25 克、多维葡萄糖 20 克溶于 1000 毫升蒸馏水中,效果更佳）。初饮后,应当保持雏鸡能够不间断地得到饮水供应。饮水水温宜在 16～20 ℃。

为了预防疾病,0～5 日龄阶段可在饮水中按每只雏鸡加入 0.05％～0.1％氯霉素,或按每只雏鸡加庆大霉素 5000 国际单位,或按每只雏鸡加青霉素 3000～4000 国际单位,或链霉素 3 万国际单位,另外,每只雏鸡加入维生素 C 0.2 毫升。6～10 日龄饮水中加入 0.02％的痢特灵,但必须彻底溶解,严防中毒。

0～7 日龄每天每只鸡按 20 毫升左右饮水计算,每天至少分 4～5 次供水,每次饮 0.5～1 小时。初次饮水之后,雏鸡每 100 千克水中加 50 克氟哌酸,连饮 7 天,停 3 天,再饮 5 天,然后可直接饮井水。饮水器充足,一般 100 只雏鸡最少要有 3 个 1250 毫升的饮水器要均匀分布于育雏栏内。饮水器底盘与顶盖每天要刷洗干净,并用消毒液消毒。

前 7 天用浅碟或用改制的小水桶饮水,7 天后用水槽饮水。每次免疫前 2～3 天给雏鸡饮电解多维,按说明书中标明的用量添加,这时不能混饮其他药物。

在正常饲养管理环境下,雏鸡饮水量的突然变化多是疾病来临的征兆。因此,每天要认真观察、记录饮水情况,及时发现问题,以便及时采取相应的预防措施。

2. 开食

初饮 3 小时后即可给雏鸡开食。

所谓开食,就是指给雏鸡的第一次吃食。开食过早会损害消化器官,对以后的生长发育不利。开食过晚会消耗雏鸡体力使之变得虚弱,影响雏鸡的生长发育和增加死亡率。

开食的饲料要求新鲜,颗粒大小适中,易于啄食,营养丰富易消化,常用的是非常细碎的黄玉米颗粒、小米或雏鸡配合饲料。

第一次饲喂时应把饲料洒在开食盘或塑料布上,开食最好安排在白天进行。雏鸡每天饲喂 6 次,从早晨 6 点起每隔 3 小时喂一次;如果每天饲喂 5 次,则从早晨 6 点起每隔 4 小时喂一次。

1～3 日龄,应将 1/3 半熟小米加 2/3 配合饲料搓成粒状饲喂,每次 100 只雏鸡还要加喂 1 个蛋黄。每次饲喂 50 分钟后,去掉塑料布后洗干净晾干。

4～7 日龄,应将 1/4 半熟小米加 3/4 配合饲料拌匀后饲喂,不加蛋黄。

7日龄后用饲槽喂全价配合料。7日龄前为预防白痢病，可在饲料中添加0.2％土霉素粉和0.04％的痢特灵。

11～12日龄雏鸡断喙前后各2天，可将饲料中的维生素加倍。

另外，每100千克饲料中加200克添加维生素K，这样利于止血，防止热应激。雏鸡40日龄左右，或地面垫料育雏20～25日龄时，在饲料中添加预防球虫病的药物，如克球粉等，喂药3天后停3天，然后再喂3天，几种药物应交替拌料使用。

凡是开食正常的雏鸡，第一天平均每只最多吃3～4克，第二天增加到7克左右，第四天可增加到9～10克，第五天大致可达12克。

开食良好的鸡，走进育雏室即可听到轻快的叫声，声音短而不大，清脆悦耳，且有间歇；开食不好的雏鸡，就有烦躁的叫声，声音大而叫声不停。

开食正常，雏鸡安静地睡在保温伞周围，很少站着休息，更没有吃食扎堆的现象。

在混合料或饮水中放入预防白痢病的药物，能大大减少白痢病的发生；如果在料中或水中再加入抗生素，大群发病的可能性更小，粪便也正常。但开食不好、消化不良的雏鸡仍然会出现类似白痢病的粪便，粘连在肛门周围。

所以在开食时应特别注意以下几点：

（1）适时开食：开食时要注意时间，不能过早或过晚，要求适时开食。通常雏鸡出壳后的第一次吃料，多在孵出后12～24小时内；或当有1/2～1/3雏鸡有啄食行为时开食为宜，最迟不超过36小时。过晚开食会使雏鸡失水、体弱，影响正常的生长发育。

（2）挑出体弱雏鸡：雏鸡运到育雏舍，经休息后，要进行清点将体质较弱的雏鸡挑出。因为雏鸡数量多，个体之间发育不平衡，为了使鸡群发育均匀，要对个体小、体质差、不会吃料的雏鸡另群饲养,以便加强饲养,使每只雏鸡均能开食和饮水,促其生长。

(3)延长照明时间:开食时为了有助于雏鸡觅食和饮水,雏鸡出壳后3天内采取昼夜24小时光照。

(4)选择开食饲料:开食饲料,一般要求营养丰富,适口性佳,容易消化吸收,可以选择碎米、碎玉米等饲料。

(5)开食不可过饱:开食时要求雏鸡自己找到采食的食槽和饮水器,会吃料能饮水,但不能过饱,尤其是经过长时间运输的雏鸡,此时又饥又渴,如任其暴食暴饮,会造成消化不良,严重时可致大批死亡。

(6)不能使雏鸡湿身:注意盛水器的规格,要大小适宜,以免雏鸡进入水盆。

(7)严把脱温期管理:5周后开始进入脱温饲养。脱温期特别要注意外界气温,仔鸡抗逆力低,调节功能差,因此要选择天气暖和的晴天放养。开始几天,每天放养2~4小时,以后逐日增加放养时间,使仔鸡逐渐适应环境变化。

(8)要注意天气变化:冬季注意北方强冷空气南下,夏天注意风云突变,谨防刮大风、下大雨。尤其是放养的第1~2周,要注意收听天气预报,时刻观察天气的变化,放养后3周抗逆力强了一般问题不大。同时,还要防止天敌和兽害,如老鹰、黄鼠狼等。

七、雏鸡饲喂

1. 饲喂

雏鸡开食后,从第4天开始用饲槽分顿饲喂,开始喂的次数宜多不宜少,一般1~14日龄每天喂6次,早5点、8点、11点与下午2点、5点、8点。15~35日龄每天喂5次。每次喂料量宜少不宜多,让雏鸡吃到"八分饱",使其保持旺盛食欲,有利于雏鸡健康的生长发育。料的细度为 1～1.5 毫米，细粒料可以增强适口性。

2. 饲喂沙粒

每周略加些不溶性河沙（沙粒必须淘洗干净），每 100 只鸡每周喂 200 克，一次性喂完，不要超量，切忌天天喂给，否则常招致硬嗉症。

3. 称重

肉用鸡不必进行体重控制。对蛋用鸡进行体重控制，是蛋用鸡饲养工作的重要内容。育雏时抽测 5％雏鸡的初生体重，并在 2、4、5 等周末空腹时，随机抽测 3％～5％的个体体重，对照该品种的标准体重，在超重或不足时，找出原因及时予以解决。

4. 消毒与免疫

(1)育雏期间要认真做好定期消毒，加强鸡场的疫病防疫工作。

(2)育雏舍门口应设置消毒池，每周更换或添加一次消毒药水。

(3)每周用百毒杀作一次带鸡消毒。

(4)按规定程序进行防疫。

八、育雏的日常卫生及管理

1. 日常卫生

(1)每天刷洗水槽、料槽，注意在饮水免疫的当天水槽不要用消毒药水涮洗。及时打扫育雏舍卫生。

(2)每天定时通风换气。

(3)工作服及器具每天清洗干净后，用日光照射 2 小时消毒。

(4)定期更换消毒池、消毒药物。

（5）育雏舍要定期带鸡喷雾消毒，周边环境也要定期喷雾消毒，时间避开免疫期。

2. 育雏的日常管理

育雏工作是一项责任心极强的工作，做好日常管理工作十分重要。

随着雏鸡的生长发育，要及时调整和疏群。因为密度过大，鸡群采食拥挤，活动空间小，不利于鸡的生长发育。笼育雏鸡每只应占 100～150 平方厘米，平养雏鸡每只应占 400～450 平方厘米。笼育刚进雏鸡时，从保温角度考虑，前两周可把两层的雏鸡集中在一层，当进行新城疫疫苗免疫时再一分为二。平养时逐渐扩大围栏空间。

利用疏散鸡群的机会，把强弱雏分开，将较弱的雏鸡置于温度较高的部位，以利于它们的生长发育。及时调整鸡群，使雏鸡有更大的活动空间，吃料、饮水的位置也要增加，使雏鸡发育各个均匀，体格更健壮。

（1）加强对雏鸡的观察。借助喂料的机会，查看雏鸡对给料的反应、采食速度、争抢程度、采食量是否正常；每天查看粪便的颜色和形状；观察雏鸡的羽毛状况、雏鸡大小是否均匀、眼神和对声音的反应；有无打堆、溜边现象；注意听鸡的呼吸声有无异常，检查有无病鸡、弱鸡、死鸡、瘫鸡。

（2）做好值班工作，经常查看鸡群，严防事故发生。温度是育雏成败的关键，即使有育雏伞、电热育雏器等自动控温装置，饲养员也要经常进行检查和观察鸡群，注意温度是否合适；特别是后半夜时自然气温低，稍有疏忽会造成煤炉灭火，温度下降，雏鸡挤堆，容易造成感冒、踩伤或窒息死亡。

（3）经常检查料桶是否断料，饮水器是否断水或漏水，灯泡是否损害或积灰太多；雏鸡是否逃出笼子或被笼底、网子卡着、夹着等；是否被轰到料桶中出不来或被淹入饮水器中；鸡群中是否有啄癖发生；及时挑出弱小鸡或瘫鸡等；严防煤气和药物中毒发生。

（4）前3周是雏鸡死亡的高峰期。主要原因多为温度低、鸡白痢、球虫、鼠害及人为因素等。一年中，早春雏鸡死亡主要是低温、白痢造成的；夏季雏鸡死亡的主要原因是湿热、球虫病、饲料发霉变质中毒等。

（5）做好育雏期记录。诸如进雏日期、品种名称、进雏数量、温度变化、发病死亡淘汰数量及原因、喂料量、免疫状况、体重、日常管理等内容都应做好记录，以便于查找原因，总结经验教训，分析育雏效果。

第四节　雏鸡分群饲养

雏鸡的饲养是养鸡生产中比较细致而重要的工作，要使雏鸡今后有良好的产肉或产蛋性能，只有从育雏开始，加强饲养管理工作，才能使鸡群生长发育和性成熟一致，适时开产。

雏鸡孵出后，应按公、母、强、弱分群饲养，因为鸡群大，数量多，尽管品种、日龄、饲养水平和管理制度均是一样，但性别不同或性别相同而个体之间大小不一的雏鸡，其生长发育速度不平衡，因此要进行分群饲养。

雏鸡成活率的高低、生长发育的快慢、体质的好坏，关键在于饲养管理。

一、分群饲养的优点

公、母、强、弱合群饲养会发生公欺母、强欺弱、大欺小的现象，使部分鸡被啄伤不敢采食,生长受阻,造成鸡群生长发育不一致。分群饲养(图 6-1)使每只雏鸡均能充分采食,雏鸡生长良好,增重快,成活率高。

图 6-1　分群饲养

合群饲养时由于不能满足公、母、强、弱雏鸡对营养和饲喂量等的不同要求,致使雏鸡饱、饥不匀,个体大小不一,鸡群整齐度差。分群饲养可按公、母特性,强、弱不同,采用不同的饲粮和饲养管理,使各鸡群生长发育良好,均匀度高;肉用鸡能按时上市,蛋鸡开产整齐,产蛋量较高。

合群饲养经常会发生争食和斗架,造成饲料浪费,耗料多。分群饲养的鸡群争食、斗架较少,可减少饲料浪费,鸡群生活环境安静,饲料转化率高。

二、雌雄鉴别

1. 生殖突起鉴别方法

鸡的交配器官已退化，在雏鸡泄殖腔开口部下端中央有 1 个很小的突起，称为生殖突起；在生殖突起的两旁各有 1 个皱襞，斜向内呈八字形，称为八字皱襞；生殖突起和八字皱襞构成生殖隆起。公雏泄殖腔开口部见生殖突起，生殖突起充实，表面紧张，有弹性，有光泽，轮廓鲜明，手指压迫不易变形；母雏泄殖腔开口部一般无生殖突起，有残留生殖突起者，多呈萎缩状，突起柔软，无弹性，无光泽，手指压迫易变形。

雏鸡出壳后 12 小时左右是鉴别的最佳时间。因为这时公母雏生殖突起形态相差最为显著，雏鸡腹部充实，容易开张肛门，此时雏鸡也最容易抓握；如过晚实行翻肛鉴别，生殖突起常起变化，区别有一定难度，并且肛门也不易张开。鉴别时间最迟不要超过出壳后 24 小时。

（1）正确的翻肛手法：雌雄鉴别的关键首先在于掌握正确的翻肛手法。既要迅速地翻开肛门，又要使位置正确。

①抓雏、握雏：常用的方法有夹握法和团握法两种。

②排粪、翻肛：排粪时，左拇指轻压腹部左侧髂骨下缘，借雏鸡呼吸将粪便排入粪缸中，左拇指沿从前排粪的位置移至肛门的左侧，左食指弯曲于雏鸡背侧，与此同时右食指放在拇指沿直线上顶推，接着往下拉到肛门处收拢，左拇指也往里收拢，三指在肛门处会合形成一个小三角区，三指凑拢一挤，肛门即可翻开。

（2）翻肛操作注意事项

①操作动作、姿势要协调自然，手指分工明确，相互配合。

②翻肛时，三指关节不要弯曲，三角区宜小，不要外拉里顶。

用力要适中,若用力过大,则肛门过于暴露;若用力不够,则难以翻出肛门。

③粪要一次排干净,翻肛要一次翻好。

(3)准确分辨生殖隆起的微小差异:在正确翻肛的前提下,鉴别的关键是能否准确地分辨雌雄生殖突起的微小差异。

根据生殖隆起的有无以及组织形态的差异可分为正常型和异常型两种。

①正常型:在近肛门开口,泄殖腔下壁中央第二三皱襞相合处有微小的白色球状突起则判为雄性,没有突起则判为雌性。

②异常型:异常型是鉴别的难点。主要根据生殖隆起组织形态的差异,即外观感觉、光泽、弹性、充血程度、隆起前端的形态等差异来鉴别。

(4)鉴别时的注意事项

①若遇到肛门有粪便或渗出物排出时,则可用左拇指或右食指抹去,再行观察。

②若遇到一时难以分辨的生殖隆起时,则可用二拇指或右食指触摸,并观察其弹性和充血程度,切勿多次触摸。

③若遇到不能准确判断时,先看清生殖隆起的形态特征,然后再进行解剖观察,以总结经验。

④注意不同品种间正常型和异常型的比例及生殖隆起的形状差异。

(5)提高鉴别的速度:通常情况下,孵化场的出雏量很大,且要求在雏鸡出壳后24小时内把鉴别工作做完,鉴别速度就显得很重要,要达到每小时1200只的速度,必须做到:

①握雏翻肛动作要快,辨别雌雄时大脑反应要快,辨别后放雏要快。

②除了排粪、翻肛要一次排净、翻好外,辨认也要求一次看准。

2. 羽毛鉴别法

主要根据翅、尾羽生长的快慢来鉴别，雏毛换生新羽毛，一般雌的比雄的早，在孵出的第 4 天左右，如果雏鸡的胸部和肩尖处已有新毛长出的是雌雏；若在出壳后 7 天以后才见其胸部和肩尖处有新毛的，则是雄雏。

3. 动作鉴别法

总的来说，雄性要比雌性活泼，活动力强，悍勇好斗；雌性的比较温驯懦弱。因此，一般强雏多雄，弱雏多雌；眼暴有光为雄；柔弱温文为雌；动作锐敏为雄，动作迟缓为雌；举步大为雄，步调小为雌；鸣声粗浊多为雄，鸣声细悦多为雌。

4. 外形鉴别法

雄雏一般头较大，个子粗壮，眼圆形，眼睛突出，嘴长而尖，呈钩状；雌雏头较小，体较轻，眼椭圆形，嘴短而圆，细小平直。

即使是从鸡场买来的鉴别雏，也还会有公雏混入雏鸡群。小公鸡的鸡冠大、红润；小母鸡的鸡冠小、淡黄色。由于小公鸡一般体质较好，抢吃抢喝，欺侮小母鸡，所以，应尽早把小公鸡挑出来单独饲养，以免影响小母鸡的生长发育。

第五节　雏鸡的疾病防治

一、雏鸡死亡的原因

雏鸡在饲养过程中，即使在饲养管理正常的状况下，雏鸡存栏数也会下降。这主要是由于小公鸡的捡出和弱雏的死亡等造成的。这种存栏数下降只要不超出 3％～5％，应当属于正常。

一般来说，雏鸡死亡多发生在 10 日龄前，因此称为育雏早期的雏鸡死亡。育雏早期雏鸡死亡的原因主要有两个方面：一是先天的因素；二是后天的因素。

1. 雏鸡死亡的先天因素

(1)导致雏鸡死亡的先天因素主要有鸡白痢、脐炎等病。这些疾病是由于种蛋本身的问题引起的。如果种蛋来自患有鸡白痢的种鸡，尽管产蛋种鸡并不表现出患病症状，但由于确实患病，产下的蛋经由泄殖腔时，使蛋壳携带有病菌，在孵化过程中，使胚胎染病，并使孵出的雏鸡患病致死。

(2)孵化器不清洁，沾染有病菌。这些病菌侵入鸡胚，使鸡胚发育不正常，雏鸡孵出后脐部发炎肿胀，形成脐炎。这种病雏鸡的死亡率很高，是危害养鸡业的严重鸡病之一。

(3)由于孵化时的温度、湿度及翻蛋操作方面的原因，使雏鸡发育不全等也能造成雏鸡早期死亡。

上述是由于雏鸡先天发育中所产生的疾病等引起的雏鸡早期死亡。防止这些疾病的出现，主要是从种蛋着手。一定要选择没有传染病的种蛋来孵化蛋鸡。还必须对种蛋进行严格消毒后再进行孵化。孵化中严格管理，使各种胚胎期的疾病不致发生，孵化出健壮的雏鸡。

2. 雏鸡死亡的后天因素

后天因素一是指孵化出的雏鸡本身并没有疾病，而是由于接运雏鸡的方法不当或忽视了其中的某些环节而造成鸡的死亡。

其次是由于育雏管理不当，如温度太高或太低，湿度太高或太低，以及养鸡设备等使用不当，或者是被动物侵犯而致雏鸡受伤以致死亡。只要严格按要求去饲养管理就可以防止这些后天致死因素的出现。

3. 饲料单一，营养不足

饲料单一，营养不足也是后天因素的一种，农家养雏鸡习惯用大米、谷子等粮食加工的副产品，饲料单一，营养不足，不能满足雏鸡生长发育需要，因此雏鸡生长缓慢，体质弱，易患营养缺乏症及白痢、气管炎、球虫等各种病而导致大量死亡。

4. 不注重疾病防治

不注重疾病防治也引起雏鸡死亡的后天因素。家饲养雏鸡数量少，让母鸡带养，不及时做疫病的防治工作，造成雏鸡患病大量死亡。

二、雏鸡的常见病防治

1. 雏鸡球虫病的预防

球虫病是危害雏鸡的一种急性流行性原虫病。温暖、潮湿的季节发病率最高，尤以地面平养更易感染。球虫病主要发生在3个月龄以内的幼鸡，15～45日龄的幼鸡发病率最高。除搞好育雏室环境卫生，彻底消毒外，可用药物预防。痢特灵药按饲料量的 0.02%～0.03% 添加，连喂5～7天，停药2～3天后再继续喂给。氯苯胍按 $(125～240) \times 10^{-6}$ 混入饲料中喂给，一般连喂7天，停药2～3天后再继续喂给。马杜拉霉素按每吨饲料中加入纯品5克 (5×10^{-6}) 即可有效地抑制、杀灭球虫。用药物预防可从13日龄喂给，连喂30～45天。最好交替使用两种抗球虫药物，以免产生抗药性。

2. 雏白痢病的预防

病雏鸡缩头呆立，拉白色稀稠粪便并沾污肛门附近绒毛，拉便困难,发出"吱吱"尖叫声,呼吸困难。在饲料内拌入治疗白痢病的药,连续喂 7 天。

3. 鸡支原体病(或称慢性呼吸道病)的预防

小鸡发病比较多。病鸡打喷嚏、咳嗽,成年鸡最显著的病状是气管啰音。预防该病的办法是鸡蛋要及时消毒,妥善保管;新鸡不与老鸡混养,鸡群饲养密度要合理,鸡舍通风良好。治疗时用抗菌药物拌入饲料或肌内注射。

4. 鸡马立克病、鸡痘、鸡新城疫的预防

该三种鸡病由病毒引起,无特效药物治疗,只能按免疫程序接种相应疫苗,才能起到预防效果。

第七章 散养期的饲养管理

育成期可分为中雏期和大雏期两个阶段。中雏是指 5～7 周龄的雏鸡,中雏期又称为育成前期;大雏是指 8 周龄以上的鸡,大雏期又称为育成后期。

第一节 中雏的饲养管理

一、雏鸡的脱温

雏鸡随着日龄的增长,采食量增大,体重增加,体温调节机能逐渐完善,抗寒能力较强,或育雏期气温较高,已达到育雏所要求的温度时,此时要考虑脱温。脱温或称离温是指停止保温,使雏鸡在自然温度条件下生活。

脱温时期的早、晚因气温高低、雏鸡品种、健康状况、生长速度快慢等不同而定,脱温时期要灵活掌握。春雏一般在 5 周龄,夏雏和秋雏脱温时间较早。

脱温工作要有计划逐渐进行。开始时白天停温,晚上仍然供温;或气温适宜时停温,气温低时供温;约经 1 周左右,当雏鸡已习惯于自然温度时,才完全停止供温。

雏鸡脱温时,要注意天气的变化和雏鸡的活动状态,采取相应的措施,防止因温度降低而造成损失。

二、脱温后的饲养

雏鸡 40 日龄时,即可不再加温,但温度不可变化太大。在4月下旬天气温暖时可将雏鸡按强弱分期、分批移到山上放养,放养地点要由近到远,放养时间要逐渐延长。冬季及其他三季的下雨、大风天气时,舍温仍应保持在 15 ℃以上,光照为自然光照。

早上将鸡放到舍外放养,让其接受阳光照射,接触土壤,同时可找食一些矿物饲料和昆虫,中午和晚上将鸡赶回舍内补喂饲料。

1. 放养棚舍

选好放养场地后,要遵循因地制宜、就地取材和因陋就简的原则,搭建简易或永久式棚舍。棚宽 5 米,长度依鸡群大小而定(每平方米容鸡 15 只),棚顶中间高 1.8～2 米,前后墙高 1 米左右。棚顶上先覆盖一层油毡,油毡上面覆盖一层茅草或麦秸,草上覆盖一层塑料薄膜防水保温。棚的四壁用玉米等秸秆编成篱笆墙或用塑料布围上,塑料布的下面不要固定,炎热时可掀开 1 米左右,以利降温。棚舍南面留几个可以启闭的洞口,用于鸡只进出。棚舍四周应有排水沟。

2. 栖架

鸡有登高栖息的习性。因此,散养育成鸡,在鸡舍内必须设栖架。

(1)栖架设置:野外放养,为防止鸡受寒、受潮、兽害,鸡舍内要设置栖架。

育成鸡的饲养是较为粗放的阶段,除栖架外,没有什么特殊设备要求。栖架大小应视舍内鸡数而定。

栖架由数根栖木组成，栖木可用直径 3 厘米的圆木，也可用横断面为 2.5 厘米×4 厘米的半圆形，以利鸡趾抓住栖木。栖架四角钉木桩或用砖砌，木桩高度为 50～70 厘米，最里边一根栖木距墙为 30 厘米，每根栖木之间的距离应不少于 30 厘米。栖木与地面平行钉在木桩上，整个栖架应前低后高，以便清扫，长度根据鸡舍大小而定。栖架应定期洗涤消毒，防止形成"粪钉"，影响鸡栖息或造成趾痛。

也可搭建简易栖架，首先用较粗的树枝或木棒栽 2 个斜桩，然后顺斜桩上搭横木，横木数量及斜桩长度根据鸡多少而定，最下一根横木距地面不要过近，以避免兽害。

(2)训练鸡上栖架：为了防止鸡在夜间受潮、受凉，要耐心训练鸡上栖架。开始时，把不知道上架的鸡轻轻捉上栖架，训练几天以后，鸡也就习惯上栖架了。训练过程中不要开灯，突然开灯会使鸡受惊，以致训练失败。所以最好是在傍晚还能隐隐约约看见鸡时进行训练。

3. 放养前免疫

7～10 日龄进行新城疫滴鼻免疫，30 日龄进行第二次新城疫滴鼻免疫。

4. 放养前的准备工作

(1)消毒：对放养场地上的鸡棚地面进行平整、夯实，然后喷洒生石灰水等消毒液。

(2)铺垫草：鸡舍内垫草要求无污染、无霉变、松软、干燥、吸水力强、长短适宜，亦可选择锯末、刨花、谷壳、干树叶等。使用前应暴晒，铺 5～10 厘米厚。

潮湿、较薄的垫料容易造成鸡胸部囊肿，因此，要注意随时补充新垫料。对因粪便多而结块的垫料，要及时用耙子翻松，以防止

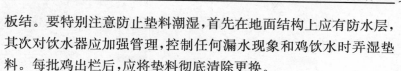

板结。要特别注意防止垫料潮湿，首先在地面结构上应有防水层，其次对饮水器应加强管理，控制任何漏水现象和鸡饮水时弄湿垫料。每批鸡出栏后，应将垫料彻底清除更换。

(3)准备饲槽及饮水器：每100只鸡准备一个8千克塑料饮水器。饲槽按每只鸡3厘米采食宽度设置，也可选用塑料桶。

(4)淘汰残弱鸡：对拟上山的鸡进行淘汰选择，主要是淘汰有病、残疾、体弱鸡只。

(5)准备饲料：放养后一段时间内鸡仍以采食原饲料为主，以后逐渐转为以觅食为主，所以应备以充足的饲料。

5. 适宜放养的季节

最佳放养季节为春末、夏初至中秋，此时，外界气温适中、空气干燥、自然条件好，能充分利用长日照，有利于雏鸡的健康及生长发育。特别是春季，万物复苏，青草生长，昆虫开始活动，是放养鸡的大好时机。

6. 防止传染病

土鸡抗病力强，一些在良种鸡群中易于发生的疫病，土鸡却很少发生。针对土鸡的易发病并结合当地疫情状况，相应做好防治工作，可有效提高土鸡的存活率。

为防止传染病，需要全程免疫，特别是100天左右的青年鸡，就要进行1～2次驱虫，补种新城疫、禽出败等疫苗。

7. 放养密度

出育雏室后第一周龄以每亩果园放养密度为1500～2000只；第二周龄以每亩果园放养密度为1000～1500只；第三周龄起密度还应适当降低。果园内限定鸡群活动范围，可用丝网等围栏分区轮放，放1周换一块。果园放养周期一般1个月左右，这样鸡粪喂养果园小草、蚯蚓、昆虫等，给它们一个生息期，等下批仔鸡到来时又有较多的小草、蚯蚓等供鸡采食，如此往复形成生态食物链，达到鸡、果双丰收。

三、雏鸡放养

中雏鸡处在生长和发育的阶段，它的特点是食量愈来愈大，活动能力和适应性愈来愈强，生长愈来愈快。这时再不需要保温，也不需要像雏鸡那样的照料。在外界气候条件良好的前提下可从5周龄开始逐步放养，一般40日龄后，体重达0.25～0.30千克。在4月下旬天气温暖时可将雏鸡按强弱分期、分批移到山上放养，放养地点要由近到远，放养时间要逐渐延长。5～6月以后可育虫供鸡采食。山上及果园中的昆虫、落果等都是鸡的好饲料。

1. 注意事项

（1）群体不能过大。

（2）密度适宜。

（3）选择抗病力强，体型小的品种。

（4）均衡投苗，有利上市。

（5）开始放养时利用喂料进行调教，养成晚上进棚舍习惯。

（6）野外放养土鸡，虽然可以节约成本，但鸡群也更易受高温、严冬、暴雨、山洪等恶劣天气以及山火隐患、兽害、缺电等不良因素的影响，因此，在规划建设鸡场时，做好对诸多不良因素的消除与防范工作，避免由此造成重大损失。

2. 调教方法

调教时人在前面用饲料诱导鸡上山，使鸡逐渐养成上山采食的习惯。晚上用哨声等唤鸡回舍，并补饲饲料，使鸡很快形成条件反射，晚上迅速返回鸡舍。

3. 注意收听天气预报

天气不好时不要远牧,下暴雨、冰雹时,及时将鸡收回舍内,以防发生意外。

4. 预防兽害

注意防范野兽和老鼠等的侵袭,如发现鼠害,可用生态型鼠药进行灭鼠。

四、补　饲

补饲饲料可由玉米、食盐、昆虫等组成。早晨少喂,晚上喂饱,中午酌情补喂。傍晚补饲一些配合饲料,补饲多少应该以野生饲料资源的多少而定。夏秋季节可以在鸡舍前安装灯泡诱虫,让鸡采食昆虫。遇到恶劣天气、阴雨天或冬天不能外出觅食时,要进行舍饲。

一般来说,除第 1 周早晚在舍内喂饲,中餐在休息棚内补饲一次外,从第 2 周开始,中餐可以免喂,喂饲量早餐由放养初期的足量减少至 7 成,5 周龄以上的大鸡可以降至 6 成甚至更低些,晚餐一定要吃饱。营养标准由放养初(第 4 周)的全价料逐步转换为谷物杂粮,5 周龄后全部换为谷物杂粮,这样人为地促使鸡在放养场中寻找食物,以增加鸡的活动量,采食更多的有机物和营养物,提高鸡的肉质、品位。

通常雏鸡放养后,可以用较粗的饲料,蛋白质水平不需要很高,每天早晨放出去时喂些小麦、碎玉米、碎米、副产品等粗饲料,晚上进棚时也喂些粗粮。

五、应激防止

1. 引起鸡应激的因素

"应激"是外界不利因素影响所引起的非特发性生物现象的总称，包括伤害和防卫（指各种不良因素对鸡体的刺激而产生的不良反应）。如严寒酷暑的刺激、暴风骤雨的袭击、雷声的惊吓、噪音、营养失调、饲喂方法突变、捕捉、驱虫、接种疫苗等对鸡体的影响，鸡体被迫做出某些生理的反应等都可引起应激反应。

应激的因素多种多样，有些因素的单独应激作用虽然不大，但多种因素合在一起就会造成大的应激，使鸡达不到理想的生产水平。

引起鸡出现应激反应的因素主要有：

（1）高温、低温及气温突变（夏季超过 28 ℃，冬季低于 5 ℃，以及日温差 10 ℃以上）；

（2）湿度过高；

（3）强风侵袭；

（4）换气不良；

（5）饲养密度过大；

（6）长途运输或转群；

（7）饲料品质不良（饲料营养含量过低或霉变等）；

（8）突发性噪声恐吓；

（9）断喙、捉鸡、注射疫苗；

（10）药物或农药使用不当，如磺胺类、呋喃类、灭鼠药、农药等。

2. 防止鸡应激的措施

（1）创造适宜的生活环境：尽可能设法维持鸡舍内良好的环

境。做好夏季防暑降温和冬季防寒保暖工作,尽量保持鸡舍最佳温度;鸡舍相对湿度保持在 50%～60%;鸡舍通风良好,舍内空气新鲜;经常清除粪便,防止氨气含量超标;保持舍内安静,防止出现突然声响或噪音过大;保持合适的饲养密度,笼养每只鸡占笼位面积不少于 500 平方厘米,产蛋鸡地面散养或网上平养密度以每平方米 6～8 只为宜。

(2)科学饲养,加强管理:根据鸡不同的生长发育阶段,制定科学合理的饲料配方,满足其营养需要,杜绝饲喂发霉变质的饲料;饲养人员固定,饲喂定时定量,饮水供应充足;实行正确的光照制度,产蛋期实行 16 小时光照,光照强度以每平方米 3～5 瓦为宜;抓鸡、断喙、防疫、转群等工作要在晚上进行,尽量轻拿轻放。

(3)添加饲喂抗应激添加剂

①维生素:鸡放养前几天,在饲料或饮水中加入 100 毫克的维生素 C 或复合维生素等防止应激。鸡发生应激时可加倍添加饲喂。日粮中添加维生素 C 有助于热应激条件下的鸡维持正常体温。给热应激的鸡按 0.02%～0.04% 的比例添加维生素 C,可以使血浆中的钠、蛋白质和皮质醇的浓度恢复正常。维生素 E 有保护细胞膜和防止氧化的作用,高水平的维生素 E 可降低细胞膜的通透性,减少应激时肌肉细胞中肌醇激酶的释放,从而防止过多的钙离子内流而造成对正常细胞代谢的干扰。维生素 E 还可缓解由于高温时肾上腺激素释放而引起的免疫抑制,提高抗病力。

②微量元素:应激能造成鸡体内某些微量元素的相对缺乏或需要量增加,适当补充饲喂锌、碘、铬等元素可减轻应激反应。

③药物:安定药有较强的镇静作用,能降低中枢系统机能的紧张度,使动物镇定和安宁,有抗应激效果。在鸡转群、断喙、接种疫苗前 1～1.5 小时,在每千克饲料中加入氯丙嗪 30 毫克,可降低鸡群对应激的反应。

④中草药:某些天然中草药有抗应激效果,投喂抗惊镇静药,

如钩藤、菖蒲、延胡索、酸枣仁等，能使鸡群避免骚动，保持安静；投喂清热泻火、清热燥湿、清热凉血的中草药，如石膏、黄芩、柴胡、荷叶、板蓝根、蒲公英、生地、白头翁等，可缓解热应激；投喂开胃消食的中药，如山楂、麦芽、神曲等，可维持正常食欲，提高机体抵抗力。

⑤其他添加剂：某些饲料添加剂能促进营养物质的消化吸收，增强畜禽抗病能力，均有抗应激作用，如杆菌肽锌、阿散酸、酶制剂、黄霉素等。

（4）做好疫病防治：保持鸡舍清洁，定期进行消毒，严格执行免疫程序，防止疾病发生。适时在饲料中投放驱虫药，预防寄生虫病发生。在鸡群转群、断喙、免疫接种或天气突变等强应激情况下，添加饲喂抗菌药物，防止细菌感染。

3. 科学捉鸡方法

为了防止鸡应激，捉鸡方法要科学。捉鸡方法不科学往往会引起鸡骨折、挫伤甚至死亡，从而影响鸡的健康和外观等级。捉鸡时应注意以下几点：

（1）要尽量选在早、晚，光线较暗、温度较低时捉鸡。因为昏暗环境下鸡的活动减少，便于捕捉。

（2）捉鸡前要将地面或网上所有的设备，如料桶、饮水器等拆除、升高或移走，以免鸡在跑动过程中发生碰撞而致皮下出血或骨折。如果是鸡出栏，应在屠宰前 12 小时停食，以减少屠宰污染；但是直至抓鸡装笼时都不能停水，以防长时间缺水造成鸡体重下降或死亡。

（3）捉鸡前用隔网将鸡群分成小群，以减少惊吓、拥挤造成的鸡群死亡用隔网围起的鸡群大小应视鸡舍温度、鸡体重和捕捉人手多少而定。

（4）捕捉动作要轻柔而快捷。对于较小的鸡，可用手直接抓住其整个身体，但不可抓得太紧；对较大的鸡，可从后面握住其双腿，倒提起轻轻放入筐内,严禁抓翅膀和提一条腿,以免导致骨折。鸡出栏时,每筐装的鸡不可过多,以每只鸡都能卧下为度。

第二节　大雏期的饲养管理

雏鸡饲养 7 周后,即转入大雏育成鸡阶段。也可以将 8～20 周龄的鸡称为育成鸡。

一般情况下,7～8 周龄雏鸡便可以在常温下饲喂。此时,鸡体对外界环境已具有较强的适应能力,生长迅速,发育旺盛。育成鸡的羽毛生长快,至 20 周龄时,要脱换羽毛二次,第一次在 12～13 周龄,第二次在 18～20 周龄。由于生长旺盛,育成鸡对饲料营养的要求增加。

育成鸡对钙的需求较多,但饲料中的含钙量不宜过多,宜偏少一些,以提高鸡的保钙能力。

一、转　群

雏鸡生长到 5～6 周后,就要转群。转群就是按个体大小、强弱情况分群饲养。

1. 转群前的准备工作

(1)环境消毒:对放养地除草消毒,并用 10％～20％石灰溶液喷雾或浸泡地面,干后待用。

(2)饮水用具消毒:用消毒剂消毒清洗饮水器。

2. 转群

(1)转群防应激:转群前 3 天,小鸡饲料中加入电解质或维生素,每天早、晚各饮一次。

(2)转群时机选择:转群时冬天选晴天,夏天选在早晚凉爽的时间。

(3)转群初期饲养:小鸡转群后,由于环境变化,要防止炸群。注意观察鸡能否都喝得上水。1周以后按育成鸡的管理技术进行正常操作。

3. 更换饲料

饲料转换要逐渐过渡,第一天育雏料和生长期料对半,第二天育雏期料减至 40%,第三天育雏料减至 20%,第四天全部用生长期料。6～8 周用生长期料,8～15 周用育成期料,15～18 周用开产期料,每次换料必须经过过渡饲喂。

二、育成鸡管理

进入育成前期后,雏土鸡要由育雏舍转入育成场,这一转换过程中除应做好转群工作,减少应激外,还要注意日粮的补喂。日粮中的蛋白质含量应由育雏期的 25%～27%,降至 25%～22%,要降低动物性蛋白质饲料的比例(一般占饲料的 8%～10%),增加植物性蛋白饲料量。玉米、高粱、小麦麸可占饲料的 40%～50%;白菜、胡萝卜、青苜蓿、水草等青饲料可挂在网室上供土鸡采食,可占日粮的 25%～30%;糠麸饲料(麦麸、高粱糠、稻糠等)可占日粮的 8%～10%。

大雏一般在露天网内饲养(图 7-1),日粮中蛋白质水平一般为 16%～17%,主要使用植物性蛋白饲料,玉米、高粱、小麦占日粮的 50%～55%,糠麸类饲料占 10%～14%。

1. 仔细观察生长状况

在育成鸡的饲养过程中,应当注意育成鸡的生长状况,注意

图 7-1 散养的大雏

观察。

2. 适时分群

大雏由育成舍转入网后,要进行第二次选种,并根据性别、大小、体质的强弱进行公、母分群饲养,以便生长均衡。同时根据母土鸡的存栏数,在青年公土鸡中选择体重在 1.1～1.5 千克,胸宽、体质健壮、发育整齐、雄性强的个体组成种公土鸡群;选出体型大、胸宽深、繁殖体况好的母土鸡组成繁殖母雉群。

3. 控制密度

育成后期如果密度过大,会使土鸡互相叨啄严重,发育不整齐,死亡率高。饲养密度应为每平方米 1～1.2 只。

4. 饲喂

育成鸡的饲料营养水平是鸡一生中最低的阶段,其粗蛋白水平在 13％左右。注意结合抽测体重来检查育成鸡生长发育状况。若发现鸡体重低于标准,就需要适当增加喂料次数,或适当提高一些饲料的粗蛋白水平。

三、育成鸡日常观察

1. 注意观察鸡冠及肉垂颜色

鸡冠肉垂颜色是鸡只健康和产蛋状况的重要标志。鲜红色：是健康鸡的正常颜色。白色：表明机体消耗过大，一般为营养缺乏的休产鸡。黄色：是机能障碍或患有寄生虫病的表现。紫色：通常是患鸡痘、禽霍乱的病鸡。黑色：一般患有马立克病、鸡痘或冻伤所致。

2. 观察羽毛状况

鸡周身掉毛，但鸡舍内未见羽毛，说明已被其他鸡吃掉，这是鸡体内缺硫所致，应采取补硫措施。鸡在换羽结束、开产前及开产初期羽毛是光亮的，如果此期羽毛不光亮是由于缺乏胆固醇的缘故，要补喂一些含胆固醇高的饲料。产蛋后期羽毛不光亮、污浊无光或背部掉毛的为高产鸡。

3. 观察食欲情况

食欲旺盛，说明鸡生理状况正常，健康无病。减食，一般是因饲料突然改变、饲养员更换、鸡群受惊等因素所致。不食，表明鸡处于重病状态。异食，说明饲料营养不全，特别是矿物质与微量元素不足。挑食，是由于饲料搭配不当、适口性差所致。

4. 观察精神状态

健康鸡群表现为鸡群活泼，反应灵敏。部分鸡精神沉郁，离群闭目呆立、羽毛蓬乱不洁、翅膀下垂、呼吸有声等是发病的预兆或处于发病初期。大部分鸡精神委顿，说明有严重疫病出现，应尽快予以诊治。

5. 观察肛门污浊情况

鸡在产蛋期，肛门周围大都有粪便污染的痕迹。停产期及不产蛋鸡的肛门清洁，腹部羽毛丰满光滑。若肛门周围有黄色、绿色粪便或有黏液附着，并伴有其他异常表现，则表明鸡患有疾病。

6. 观察粪便颜色、形态及气味

(1)灰色干粪是正常粪便，通常灰色粪便上覆盖有点状白色粪，其量的多少可以衡量饲料中蛋白质含量的高低及吸收水平。

(2)褐色稠粪也属于正常粪便，其恶臭的气味是由于鸡粪在盲肠内停留时间较长所致。

(3)红色、棕红色稀粪，说明肠道内有血，可能是患有白痢杆菌病或球虫病。

(4)黏液状的患有卵巢炎、腹膜炎。这种鸡已没有生产价值，应尽快淘汰。

(5)黄绿色或黄白色并附有黏液、血液等的恶臭稀粪，说明有胆汁排到肠道内，多见于新城疫、霍乱、伤寒等急性传染病，发现后应立即隔离，全面诊断予以淘汰。

(6)白色糊状或石灰浆样的稀粪，多见于雏鸡白痢杆菌病、传染性法氏囊病等，发现后立即隔离，全面诊断予以淘汰。

第三节　产蛋期饲养管理

土鸡散养一般放养到公鸡体重达到 1.5～1.75 千克时即可上市。母鸡继续饲养。

一、产蛋期的管理

1. 分阶段管理

根据蛋鸡生长发育及生产的各个不同时期来按阶段讲述产蛋期的饲养管理。

(1)产蛋初期(21～24 周)：大雏分群以后的母鸡达 20 周龄时，已进入产蛋初期。

由于前期管理良好，鸡群产蛋率呈阶梯式上升，一般由见蛋到开产 50%需 20 天左右的时间，然后再经 3 周左右就达到高峰了。这一阶段要随时注意产蛋率的变化，加强饲养管理及日常工作，搞好环境卫生。

最近几年由于受烈性传染病影响，往往到高峰期时鸡群产蛋率徘徊上升或突然下降。但只要养殖户对蛋鸡前期饲养管理采取科学严谨的方法，就能避免或减少损失。

同时可以合理安排育雏时间，禁用发病种鸡产的蛋孵化鸡苗，使初产鸡日龄避开季节性流行病。本期要注意淘汰鸡群中的假母鸡。

(2)高峰期(25～36 周)：高峰期是效益转化最快的时期，要供给鸡只充足的清洁饮水并由其自由采食，日粮营养全价，切忌随意调整日粮配方。

定期带鸡消毒，做好大环境及鸡舍用具消毒工作。注意防寒抗暑，在天气干燥的季节在舍外多泼洒清水，增强防尘；夏季投喂解暑药物。但要尽量减少化学药物及驱虫药的使用，避免任何形式的免疫接种。

如果发现鸡群不正常，应及时查找原因，并设法解决。

(3)高峰后平稳期(37～50 周)：饲养管理良好的鸡群在产蛋

高峰后产蛋率仍能维持在 90％以上,一般鸡群末期能维持在 80％以上。这时的鸡群由于产蛋高峰影响,体质开始下降,日粮消耗略有增加,鸡群有脱毛换羽现象,蛋品质也稍有下降。

要在日粮中补充维生素及矿物质微量元素,同时全群进行预防性投药,防止产蛋疲劳综合征发生。进行必要的免疫接种,以提高抗病力。

(4)产蛋末期(51～72 周):产蛋末期,产蛋率呈下降趋势,因为鸡群经过一段紧张的产蛋阶段后,生理上不能满足平均每日 50克蛋重的支出,在产蛋下降的同时,容易发生猝死综合征及腹小综合征而导致死、淘增多。这时要及时调整鸡群均匀度,尽早淘汰没有饲养价值的停产或极低产鸡只。

为防止蛋壳质量下降所带来的损失,要在饲料中添加利用度高的钙源,并适时更换产蛋末期料以降低饲养成本。同时也要避免鸡只采食量过低造成失重,如贝壳粉及石粉的过量添加使日粮口感下降,杂粮含量过高引起消化紊乱等。

(5)淘汰期(73～80 周):依经济收入情况伺机出售淘汰鸡。

2. 增产管理

土鸡散养 150 天左右,进入产蛋期,此时要及时分群,淘汰公鸡。要训练母鸡到指定的地点产蛋,防止满坡产蛋,增加管理人员的负担和蛋的损坏。

(1)设产蛋箱:20 周龄以前,在鸡舍里增设产蛋箱或产蛋窝。平均 10 只产蛋鸡设一个产蛋箱(窝)。这样,可以使鸡养成在产蛋箱(窝)里产蛋的好习惯。

在鸡舍离门近的一头(东或西头)放 2～3 层产蛋箱,或用砖垒成产蛋窝。产蛋箱(窝)内光线要尽量黑暗。在未开产前要封闭好窝门,到开产时打开窝门并垫好柔软干净柴草。

若饲养规模较小,应尽量配备蛋箱,以减少啄毛、啄肛及疾病发生。

（2）强制换羽：通常蛋鸡只养一个产蛋周期，即产蛋 10～12 个月左右。如果鸡群产蛋率高且市场蛋价也较高时，可通过强制换羽延长蛋鸡的利用时间，可节省培育新母鸡的费用。

在自然条件下，母鸡经过一年左右的产蛋时间，到第二年秋季开始换羽。自然换羽的过程很长，一般 3～4 个月，且鸡群中换羽很不整齐，产蛋率较低，蛋壳质量也不一致。为了缩短换羽时间，延长鸡的生产利用年限，常给鸡采取人工强制换羽。常用的人工强制换羽方法有药物法、饥饿法和药物—饥饿法。

①药物法：在饲料中添加氧化锌或硫酸锌，使锌的用量为饲料的 2％～2.5％。连续供鸡自由采食 7 天，第八天开始喂正常产蛋鸡饲料，第十天即能全部停产，3 周以后即开始重新产蛋。

②饥饿法：是传统的强制换羽方法。停料时间以鸡体重下降 30％左右为宜。一般经过 9～13 天，只供饮水，以后每天增加 1 小时，供鸡吃料和饮水。饲粮中蛋白质为 16％，钙 1.1％，待产蛋开始回升后，再将钙增至 3.6％。母鸡 6～8 天内停产。第十天开始脱羽，15～20 天脱羽最多，35～45 天结束换羽过程。30～35 天恢复产蛋 65～70 天达到 50％以上的产蛋率，80～85 天进入产蛋高峰。

③药物—饥饿法：首先对母鸡停水断料 2 天半。然后恢复给水，同时在配合饲料中加入 2.5％硫酸锌或 2％氧化锌，让鸡自由采食，连续喂 6 天半左右。第十天起恢复正常喂料，3～5 天后便开始脱毛换羽，一般在 13～14 天后便可完全停产，19～20 天后开始重新产蛋，再过 6 周达到产蛋高峰，产蛋率可达 70％～75％以上。

人工强制换羽与自然换羽相比，具有换羽时间短、换羽后产蛋较整齐、蛋重增大、蛋质量提高、破蛋率降低等优点，但要注意以下几个问题：

鸡群的选择:实行强制换羽应是第一年产蛋率高的鸡群。

鸡的健康状况:只能选择健康的鸡进行强制换羽,因为只有健康的鸡才能耐受断水断料的强烈应激影响,也只有健康的鸡才能指望换羽后高产。病弱鸡在断水断料期间会很快死亡,应及早淘汰。

换羽季节和时间:要兼顾经济因素、鸡群状况和气候条件。炎热和严寒季节强制换羽,会影响换羽效果。一般选在秋季鸡开始自然换羽时进行强制换羽,效果最好。

饥饿时间长短:一般以 9~13 天为度,具体要根据季节和鸡的肥度、死亡率来灵活掌握。温高的季节,肥度好或体重大的鸡死亡率低时,可延长饥饿期,反之,则应缩短饥饿期。时间过短则达不到换羽停产的目的,时间过长,死亡率增加,对鸡体损伤也大,一般死亡率控制在 3%。

光照:在实施人工强制换羽时,同时应减少光照。

换羽期间的饲养管理:强制换羽开始初期,鸡不会立即停产,往往有软壳或破壳蛋,应在食槽添加贝壳粉,每 100 只鸡添加 2 千克;放养的鸡饥饿要防止啄食垫草、砂土、羽毛等物;要有足够的采食面,保证所有的鸡能同时吃到饲料。

(3)饲料:应以精料为主,适当补饲青绿多汁饲料,其精料营养浓度为粗蛋白含量在 15%~16%、钙为 3.5%、磷为 0.33%、食盐 0.37%。要加强鸡过渡期的管理,由育成期转为产蛋期喂料要有一个过渡期,当产蛋率在 5% 时,开始喂蛋鸡料,一般过渡期为 6 天,即在精料中每 2 天换 1/3,最后完全变为蛋鸡料。

(4)增加光照时间:由于土鸡在自然环境中生长,其光照为自然光照,因此产蛋季节性很强,一般为春、夏产蛋,秋、冬季逐渐停产。在放养的条件下,应尽量使光照基本稳定,可提高鸡的产蛋性能。一般实行早晚两次补光,早晨固定在 6 时开始补到天亮,傍晚6 时半开始补到 10 时,全天光照合计为 16 小时以上,产蛋 2~3

个月后,将每日光照时间调整为 17 小时,早晨补光从 5 时开始,傍晚不变,补光的同时补料。补光一经固定下来,就不要轻易改变。

（5）产蛋初期饲养

①看蛋重:初产蛋很小,一般只有 35 克左右;2 个月后增重达 42 克,基本达到标准蛋。产蛋初期、前期蛋重在不断增加,即越产越大。

②看蛋形:蛋形应圆满,蛋形圆满而个大,说明鸡营养充分。若蛋大端偏小,是欠早食,应补充足够的精料。

③看产蛋率:母鸡产蛋初期产蛋率上升快,最迟 3 个月后产蛋率达到 60% 左右。如果产蛋率波动较大,甚至出现下降,要从饲养管理上找原因。

④看体重:产蛋一段时间后,如鸡体重不变,说明管理恰当;鸡过肥,是能量饲料过多,说明能量、蛋白质的比例不当,应当减少精料,增加青绿饲料;如鸡体重下降,说明营养不足,应提高精料质量,使蛋鸡不肥不瘦。

⑤看食欲:喂鸡时,鸡很快围聚争食,说明食欲旺盛,可以适当多喂些;若来得慢,不聚拢争食,说明食欲差或已觅食吃饱,应少喂些;食欲旺盛的健康土鸡,羽毛光滑、紧密、贴身。另外,对啄羽、啄肛等异常情况,都应仔细观察,及时治疗。

（6）预防母鸡就巢性:春末、夏秋还要注意母鸡就巢性的出现。应增加拣蛋的次数,拣净新产的鸡蛋,做到当日蛋不留在产蛋窝内过夜。因为幽暗环境和产蛋窝内积蛋不取,可诱发母鸡就巢性。一旦发现就巢鸡应及时改变环境,将其放在凉爽明亮的地方,多喂些青绿多汁饲料,则鸡会很快离巢;或者在就巢初期注射硫酸铜水溶液,每只鸡 1 毫升,效果显著。

（7）严格防疫消毒:在山上放养环境中生长的土鸡,其本身就容易受外界疾病的影响,如果防疫、消毒不到位,就很难保证鸡的成活率。

①按照鸡疫病防疫程序进行防治。防治重点应放在鸡新城疫、禽流感、传染性法氏囊、传染性喉气管炎和球虫病上,搞好疫苗接种和预防监测;同时还要定期在兽医人员指导下用一些无残留的药物预防疾病。

②搞好卫生消毒。鸡栖息的棚内及附近场地坚持每天打扫、消毒,水槽、料槽每天刷洗,清除槽内的鸡粪和其他杂物,让水槽、料槽保持清洁卫生。放养场进出口设消毒带或消毒池,并谢绝参观。

③做到"全进全出"。每批鸡放养完后,应对鸡棚彻底清扫、消毒,对所用器具、盆槽等熏蒸一次再进下一批鸡。

(8)随时淘汰低产鸡:为提高养鸡经济效益,要及时淘汰低产鸡。开产后5~6周时,如仍有个别鸡未开产的,应予淘汰。

(9)定期驱虫:驱虫不但能有效地预防鸡的各种肠道寄生虫病和部分原虫病,确保鸡群健康成长且能节省饲料,降低饲养成本。

蛋鸡在整个饲养周期中,一般驱虫两次为宜。第一次在8~9周龄时进行,主要是预防鸡盲肠肝炎,其方法是用鸡虫净片按每百只鸡56~62片研碎拌料,一次投服。第二次在鸡17~19周龄时进行,这次驱虫的目的是预防鸡盲肠肝炎和驱除鸡体内各种肠道寄生虫,方法是每百只鸡用左旋咪唑5~6克拌料,一次投服。或用鸡虫净按体重内服,0.75~1.5千克体重内服1片,2千克以上内服2片。

二、各种因素对鸡蛋品质的影响

1. 饲料对鸡蛋成分的影响

在一定范围内,蛋中的一些微量成分的含量受饲料的影响比较明显。在饲料中增加维生素 A、维生素 D 或一些 B 族维生素均可使它们在鸡蛋中的相应含量得到提高。鸡蛋中的铁、铜、碘、锰和钙等矿物元素的含量也因其在饲粮中的含量的变化而有相应改变。鸡蛋中的维生素和矿物元素的含量，能影响商品蛋的食用价值，影响种蛋的孵化性能和雏禽健康及生长发育。

2. 饲料对鸡蛋壳品质的影响

（1）钙与磷的影响：钙是蛋壳的主要成分。饲料中缺钙时，蛋壳的厚度和强度均降低。所以产蛋鸡的饲料中应含有充足的钙。贝壳粉和石粉是应用最为普遍的钙质补充饲料。试验证明，两种钙质饲料对维持蛋壳品质具有基本相同的效果，或者前者略优于后者。这两种饲料的粒度对其利用效果也有影响。一般情况下，颗粒较大时，效果更好。

磷是动物所必需并与钙的代谢关系密切的一种矿物元素。但饲料中磷含量过高则会降低蛋壳品质。

（2）维生素的影响：维生素D与钙磷的代谢关系密切，所以对蛋壳品质影响较大。蛋壳的强度和厚度常常会因饲粮中维生素D的不足而下降。维生素C可促进骨中矿物质的代谢，增加血浆钙的浓度，因而，在一定程度上可改善蛋壳品质；在饲粮中钙水平较低时，这种作用更明显。

3. 饲料对蛋黄颜色的影响

（1）饲料中色素的影响：蛋黄颜色不仅受饲料色素含量的影响，而且也受色素性质的影响。玉米面筋中的色素对蛋黄的着色效果比苜蓿草粉和干藻粉的效果更佳，其原因是玉米所含的色素中玉米黄素的相对比例较高。

（2）脂类和抗氧化剂的影响：叶黄素（一种属于类胡萝卜素的黄色素）溶解于脂类，其在肠道中的吸收可能与脂类的吸收相伴随。所以，在饲粮中添加油脂可提高蛋黄颜色，特别是在饲粮色素含量低时，效果明显。色素被氧化后就失去着色能力，因而饲粮中加入抗氧化剂可防止色素氧化,提高色素对蛋黄的着色作用。

(3)其他饲料因素的影响:过量的维生素 A 和过量的钙均可使蛋黄颜色下降。有些饲料含有某些影响蛋黄颜色的未知因子,如细稻糠和大麦在产蛋饲粮中的添加量达到一定水平时(稻糠20%,大麦 50%)就会明显降低蛋黄颜色。

4. 饲料对鸡蛋味道的影响

有些气味较浓的饲料,如葱、鱼等,其气味可直接影响蛋的味道。有些饲料被食入后,在消化代谢过程中形成的一些产物也会使蛋产生异味。在鸡饲粮中广泛应用的鱼粉、菜籽饼和胆碱常与蛋产生腥臭味有关。

5. 饲料对鸡蛋品质的其他影响

蛋重在一定程度上受饲粮蛋白质水平的影响。提高饲粮蛋白质,特别是动物性蛋白质水平,有助于蛋重的增加。一些微量元素与蛋内部品质有关,饲粮中添加铁、铜、锌和硒可提高蛋的内部品质。如果饲料受农药或重金属有毒物质污染,也会影响蛋的品质。

三、蛋鸡健康状况观察

1. 放鸡时观察

开放式带运动场的鸡舍,每天早晨放鸡外出运动时,健康鸡总是争先恐后向外飞跑,弱者常常落在后边,病者不愿离舍或留在栖架上。这时进行观察,可及早发现疫情及时治疗和隔离,以防疫病传播。

2. 清扫时观察

清扫鸡舍或清粪时,观察粪便是否正常。正常粪便应是软硬适中的堆状或条状物,上面覆有少量的白色尿酸盐沉淀物;若粪便过稀,则为摄入水分过多或消化不良;浅黄色泡沫粪便,大部分是由肠炎引起的;白色稀便则多为白痢病的象征;球虫病的特征是深红色血便。

3. 喂料时观察

喂料时观察鸡的精神状态,喂料对健康鸡特别敏感,往往显示迫不及待感;病弱者不吃食或被挤在一边或吃食而动作迟缓,反应迟钝或无反应;病重者表现出精神沉郁,两眼闭合,低头缩颈,翅膀下垂,呆立不动等。

4. 呼吸时观察

晚上可倾听鸡的呼吸是否正常。若带有"咯咯"声,说明患呼吸道疾病。

5. 采食时观察

若鸡的采食量逐渐增加则为正常;若表现拒食、拒饮或采食量减少,则为病鸡。

6. 产蛋时观察

对产蛋鸡要特别注意观察与产蛋有关的情况,如当天产蛋的多少、蛋的大小、蛋形、蛋壳光滑度、破损率、蛋壳颜色等。

四、母鸡醒抱

1. 肌内注射丙酸睾丸素

每只鸡肌内注射丙酸睾丸素注射液 1 毫升,注射后 2 天抱窝症状消失,10 天开始产蛋。此方法在就巢初期使用。

2. 口服异烟肼片

用异烟肼片灌服,第一次用药以每千克体重 0.08 克为宜。对返巢母鸡可于第二天、第三天再投药 1～2 次,药量以每千克体重 0.05 克为宜。一般最多投药 3 天即可完全醒抱。用药量不可增大,否则会出现中毒现象。

3. 灌服食醋

给抱窝鸡于早晨空腹时灌服食醋 5～10 毫升,隔 1 小时灌一次,连灌 3 次,2～3 天即可醒抱。

4. 改变环境

将抱窝鸡转入结构、设施等完全不同并有公鸡的鸡舍中,9 天后即可恢复产蛋。

5. 笼子关养

将抱窝鸡关入装有食槽、水槽、底网倾斜度较大的鸡笼内,放在光线充足、通风良好的地方,保证鸡能正常饮水和吃料,使其在里面不能蹲伏,5 天后即可醒抱。

第四节 种公鸡的饲养管理

只要使种公鸡达到一定的条件,鸡群就会获得良好的受精率。然而,为了获得良好的受精率,就需要管理好鸡群,确保种公鸡在各个不同的年龄阶段获得正确的骨架发育、睾丸发育和均匀度,确保控制好种公鸡的饲喂,正确的公母比例以及种公鸡适宜的肥胖程度。

如果将种公鸡与种母鸡分开饲养,在全阶段饲养程序中,建议不要使用棚架,因为 6～12 周龄期间,正是鸡只肌肉、肌腱组织和韧带发育的关键时刻,棚架会对鸡只腿关节造成重大应激。

随着鸡的不断生长，种公鸡自然会需要更多的饲养面积。所以必须注意，要按照鸡群相应的年龄为其提供正确的饲养密度和采食空间。

早期育雏阶段饲养管理中最关键的要素之一就是要使雏鸡有一个良好的开端。鸡只一生中最初的 72 小时尤为重要，这不仅能确定其抵御疾病侵袭的能力，心血管系统的发育和全身羽毛的生长状况，而且更为重要的是，这最初的阶段决定着鸡只骨架的发育。只有育雏育成期种公鸡得到良好的骨架发育，它们才能在整个产蛋期进行有效地交配。

要使雏鸡获得良好的开端，应确保在前 14 日龄内使用商品代土鸡的育雏料（无球虫药）。

在 1 日龄或 1 周龄内实施断喙，操作时应倍加小心，否则断喙不当就会成为鸡群均匀度差的最主要原因之一。

14 日龄后影响鸡群均匀度的最大因素是种公鸡能否获得和吃掉其所应得到的料量。种公鸡的均匀度十分关键，要保持良好的均匀度，饲喂系统必须能够在同一时间为所有的公鸡提供准确的料量。要密切观察鸡只行为，特别是从手工喂料转换到自动饲喂系统喂料的阶段，确保供料均匀，确保鸡群均匀地生长。

种公鸡的均匀度从 35 日龄开始应一直保持在 80％～85％，从而在混群和交配时，鸡只的性成熟基本相同。

到 8 周龄时，鸡只 85％的骨架发育基本结束。因而此阶段一定要达到、甚至要超过早期的体重标准，这一点至关重要。否则，种公鸡已成熟的体形要比最佳理想的体形要小些。没有一个良好的骨架，种公鸡就会趋于肥胖程度偏大，脂肪堆积，母鸡产蛋后期，公鸡形体就会很差，这样会限制其交配的成功率。

种公鸡获得正确骨架的关键在于：

1. 体重

7 日龄时要达到目标体重 140 克（必要时可饲喂高蛋白能量

的开食料)。4 周龄时进行全群称重分栏,此时要淘汰特别小的鸡只。10 周龄时做最后一次选种工作,此后至交配开始不要再对种公鸡做任何工作。

2. 密度

要确保种公鸡的饲养密度不要拥挤(3~4 只/平方米),要为其提供充裕的采食空间(15 厘米/只)。

3. 繁殖力

10~15 周龄之间种公鸡的睾丸开始发育,尤为重要的是此阶段内要保证每周持续的增重,否则此期间出现任何的体重下降都会影响睾丸发育。出于此原因,10 周龄至混群这段时间饲养密度及饲料的均匀分配尤为重要。

4. 放养

放养种鸡与一般饲养产蛋鸡没什么两样,只是在鸡群里按照 10 只母鸡 1 只公鸡的比例配好公鸡,1 周以后捡的蛋就可以作种蛋进行孵化了。

如果发现种蛋受精率不高,可能是公鸡性机能有问题或是饲料质量不好,要注意观察,及时采取措施。

北方地区每年可出栏土公鸡 2~3 批。通常于 3~5 月份孵化,4~6 月份育雏,5~7 月份开始上山放养,8~11 月份分期、分批出栏。为了保证市场均衡供应,也可常年孵化。采取舍养与放养相结合的办法增加饲养批次,出栏日龄可根据鸡的品种及用途灵活掌握,一般放养 4~4.5 个月,体重达到 2.25~2.5 千克时出栏。

第五节　商品土鸡的饲养管理

一、饲养管理

1. 控制密度

育肥初期(5～11 周龄)每平方米 10～12 只,以后按公母、强弱、大小分群饲养,使其密度逐步降至每平方米 6～8 只。

2. 合理饲喂,适当催肥

育成土鸡在 8～18 周龄时,生长速度较快,容易沉积脂肪,在饲养管理上应采取适当的催肥措施。采用原粮饲喂的,可适当增加玉米、高粱等能量饲料的比例;饲喂鸡饲料的,可购买肉鸡生长料。要保证育肥土鸡有充足的饮水,可给育肥土鸡添喂占饲料量 10%～20%的青饲料。

3. 保证土鸡适期上市

放养优质土鸡在目前市场上很畅销,但如何达到上市销售标准是整个养鸡经济效益的关键。

(1)精选良种:选养皮薄骨细,肌肉丰满,肉质鲜美,抗逆性强,体型中小的有色毛的著名地方品种,根据当地的饲养习惯及市场消费需求,选育适合当地饲养的优良土鸡品种。

(2)注重放养:优质放养土鸡的育雏技术要求与快大型肉鸡相同,在育雏室内育雏 5 周。一般夏季 30 日龄、春季 45 日龄、寒冬 50～65 日龄开始放养。竹园、果园、茶园、桑园等放养场地要求地势高燥、避风向阳、环境安静、饮水方便、无污染、无兽害。鸡只既可吃害虫及杂草,还可积(施)肥。放养场地可设沙坑,让鸡沙浴。放养密度为 40~60 只/亩,每群规模约为 500 只为宜。放养场可设置围栏,放一批鸡换一个地方,既有利于防病,又有利于鸡只觅食。

(3)饲料巧喂:优质土鸡育雏期应饲喂易消化、营养全面的雏鸡全价饲料。饲养中粗蛋白含量应低于快大型鸡全价饲料 2%~3%,并做到少量多餐。育成、放养期要多喂青饲料、农副产品、土杂粮,以改善肉质,降低饲料成本;一般仅晚归后补喂配合饲料;出售前 1~2 周,如鸡体较瘦,可增加配合饲料喂量,限制放养进行适度催肥;中后期配合饲料中不要添加人工合成色素、化学合成的非营养添加剂及药物等,应加入适量的橘皮粉、松针粉、大蒜、生姜、茴香、八角、桂皮等自然物质以改变肉色,改善肉质和增加鲜味。

(4)严格防疫及驱虫:一般情况下,放养土鸡抗病力强,较圈养快大型肉鸡发病少。但因其放养于野外,接触病原体机会多,因此,要特别注意防治球虫病(一般在 20 日龄到 35 日龄预防一次为好)、卡氏白细胞虫病及消化道寄生虫病。每月进行驱虫一次为佳。肉鸡中后期,防治疾病时尽可能不用人工合成药物,多用中药及采取生物防治,以减少和控制鸡肉中的药物残留,以便于上市。

(5)适时销售:饲养期太短,鸡肉中水分含量多,营养成分积累不够,鲜味素及芳香物质含量少,达不到优质土鸡的标准;饲养期过长,肌纤维过老,饲养成本太大,不合算。

因此,小型公鸡 100 天,母鸡 120 天上市;中型公鸡 110 天,母鸡 130 天上市。此时上市鸡的体重、鸡肉中营养成分、鲜味素、芳香物质的积累基本达到成鸡的含量标准,肉质又较嫩,是体重、质量、成本三者的较佳结合点。

二、选择与淘汰

培育好后备母鸡、公鸡是获得优质高产种鸡的关键所在。良好的鸡群应该体型均匀，体重达到本品种的标准，体质发育良好。育成鸡的匀称度越高，越能良好地发挥本品种的潜力。一般来说，70%～80%的个体体重在标准体重的±10%以内，可以认为是均匀的。为保证达到此项要求，对育成鸡除加强管理外，还要注意鸡群的选择与淘汰。

一般在60日龄时，结合防疫注射或其他工作，进行一次选择淘汰，淘汰鸡只作为商品鸡处理。在150日龄转群时进行第二次选择淘汰，这次选择要严格一点，逐个检查，将外貌不齐全、发育不良、体重达不到一定要求的鸡淘汰掉。

1. 阉割公鸡

阉割的目的就是摘除公鸡的生殖腺睾丸，使它失去性欲和雄性特征，性情变温顺，便于饲养管理，而且肌肉细嫩鲜美。

(1)工具：阉割公鸡用的工具，一般有套管马尾或棕线、小刀、铜勺、弓攀等。

(2)方法：术者可坐在小凳子上，先将公鸡两翅翻向背部，右手将公鸡右脚向后拉直，左手将左脚向前拉直，使公鸡保持左侧卧，用钢夹将两脚固定在桌面上。

①一般选用右侧最后倒数第二肋骨间隙处先将术部羽毛拔掉，然后切开。

②左手拇指将皮肤稍向后拉，右手用握笔式持刀，作一与肋骨平行的切口，长2～3厘米。

③在切口处用弓攀将切口扩成棱角形，以小刀柄上的钩或签子将腹膜剥开，伸入铜勺把肠管推向下方。可清晰看见两侧睾丸

的系膜,在睾丸系膜与血管处有一三角形位置,左手持签子尖在三角形无血管处戳穿系膜,用铜勺扩大系膜切口,用套管马尾圈将睾丸锯下,用铜勺顺利取出睾丸。

④最后取下弓攀,将皮肤下的肌肉系膜削去,将公鸡放到安静的地方饲养。

(3)注意事项

①用签子尖刺破睾丸系膜时,不能刺破背部动脉或系膜血管,也不能刺得太深,如果刺破动脉,鸡会立即死亡。

②锯下第一睾丸时,如发现有小出血时,用铜勺灌冷水于出血点上止血。如果大出血,停止手术。

③公鸡发生休克现象时,可喂凉水,使它清醒过来,也起止血作用。

④如手术后发现鸡胀气,要用手将切口剥开放气。如遇肠管脱出体外或在肤内,应立即将肠管清洗后放进腹腔里,并缝合两针。

⑤此法适用于2、3月龄左右的公鸡。

2. 母鸡淘汰

为提高养鸡经济效益,要及时淘汰低产鸡。开产后5～6周时,如仍有个别鸡未开产的,应予淘汰。开产30周(210天)后,是第一次淘汰的最佳时期。但是,应对鸡群作出基本估计(事先察看一遍),如果停产鸡达到1%,又恰好有出售鸡,即可实施淘汰。

根据外观、生理状态,淘汰低产、病残、无经济价值的产蛋鸡。

无经济价值蛋鸡产生的原因:其一,鸡在育成阶段群体较大,未能及时调整鸡群,使强弱分开饲养,造成弱鸡生长发育受阻,形成无经济价值的蛋鸡。其二,未能注意生长期营养要求,特别是忽视限制饲喂方法,使部分蛋鸡超重而不生产。其三,光照对蛋鸡性成熟的影响很大。在实际生产中,往往出现两种倾向,一是光照不足使蛋鸡推迟开产，二是过早的超长光照，使鸡性成熟过早，提前开产，造成早衰。其四，部分鸡由于生殖系统和其他方面受传染病原的侵害，如卵黄性腹膜炎、马立克病、上呼吸道感染、寄生虫等，都能引起鸡冠萎缩，停止产蛋，甚至发生死亡。

（1）从外观鉴别无价值蛋鸡

鸡在产蛋期间，性腺活动和代谢机能亢进。卵巢输卵管和消化机能都很旺盛，决定了产蛋鸡与停产鸡在外形上的差别。

①冠和肉髯：产蛋鸡的冠和肉髯大而鲜红、丰满、触摸时感觉温暖；停产鸡的冠和肉髯小而皱缩，是淡红或暗红色。

②腹部容积：腹部是消化和生殖器官的所在地。产蛋鸡消化和生殖器官发达，体积较大，表现在腹部容积大；而停产鸡则相反，腹部容积较小。

③色素变换：母鸡开始产蛋后，黄色素转移到蛋黄里，在母鸡肛门、喙、脸、胫部、耳叶、脚趾等处黄色素缺乏补充，逐渐变成褐色至淡黄色或白色。一般来说，到秋季，产蛋鸡的上述部位表皮层黄色素已褪完，而停产鸡的这些部位仍呈黄色。

（2）高产鸡与低产鸡在外观形态上的区别

①外貌体型：高产鸡身体健康，结构匀称，发育正常，活泼好动，觅食性强；头部清秀，无脂肪堆积，额骨宽，头顶几乎呈方形；喙短、宽而弯曲；眼大、圆而有神；胸宽而深，向前突出，体躯长；两胫长短适中，瘦瘦，呈三棱形。

低产鸡则与之相反，身体虽健康，但不是过肥就是过瘦，性情呆板，觅食性差，头粗大或过小，头顶狭窄，呈长方形，喙长而直，眼呈椭圆形，眼神迟钝；胸部狭窄而浅；体躯窄而短。

②换羽：高产鸡换羽迟，一般在秋末或冬初进行，并且换羽迅速，停产时间短；有些特别高产鸡，甚至整个冬季都不换羽，或只换一批羽毛，停产时间很短，到来年春天，气温回升，光照增加，营养丰富时，边产蛋过换羽。低产鸡则不同，往往在夏末秋初换羽，持

续时间也相当长。

（3）管理过程中要及时发现淘汰无经济价值的产蛋鸡

为了节约人力、物力、饲料和时间，便于管理和提高经济效益，必须随时观察、检查淘汰低产、病残鸡。

检查时，首先在早晚检视鸡群时，应特别注意，那些鸡冠异常肥厚，睑面多皱痕，体躯、胫、趾肥厚、触觉不出骨的棱角，黄色素沉着浓厚，这些都是低产鸡的特征，必须淘汰。

其次，在夜间或拂晓去鸡舍检查鸡的粪便，多数正常产蛋鸡的粪便，多而松软湿润；而停产的鸡，采食少，消化慢，消化道萎缩，粪便是干硬细条状。应随手将正在栖架上息宿的鸡捕捉到手，再根据低产鸡的外貌特征，进行观察淘汰。或隔离观察，不产蛋者即淘汰。

最后，对于在管理过程中随时发现的病鸡或可疑感染者，应立刻挑出进行隔离治疗；对于卵黄性腹膜炎、马立克病、寄生虫病等引起的鸡冠萎缩、停止产蛋的鸡应立即淘汰，有关其他方面的事情应酌情处理。

总之，低产、病残等无经济价值的母鸡广泛地存在于每一个鸡场中，而且绝大部分都是在产蛋高峰期后出现。在这一阶段都应该经常观察，便于及时发现这些无经济价值的鸡。

第六节　放养鸡季节管理

1. 散养鸡的春季管理

随着气温的升高，光照时间的逐渐延长，外界食物来源的增加，鸡的新陈代谢旺盛。春季是鸡产蛋的旺季，是理想的繁殖季节。在繁殖前，做好疫苗接种和驱虫工作，保证优质饲料的供应，提高合格种蛋的数量。

（1）注意防寒保暖：早春气候仍比较寒冷多变，加之冷空气和寒流的侵袭，给养鸡生产带来诸多不便，特别是低温对产蛋鸡的影响十分明显。因此，防寒保暖工作就成了冬春养鸡能否成功的关键环节。一般情况下夜棚舍可采取加挂草帘、饮用温水和火炉取暖等方式进行御寒保温，使棚舍温度最低维持在 3～5 ℃。

（2）注意适度通风：早春由于气温较低，过夜鸡舍门窗关闭较严，通风量减少，但鸡群排出的废气和鸡粪发酵产生的氨气、二氧化碳和硫化氢等有害气体量却没有减少，导致舍内的空气污浊，易诱发鸡的呼吸道等疾病，因此要切实处理好通风与保暖的关系，及时清除过夜鸡舍内的粪便和杂物，及时开窗通风，确保舍内空气清新、氧气充足。

（3）注意防止潮湿：早春过夜鸡舍内通风量相对减少，水分蒸发量也减少，加之舍内的热空气接触到冰冷的屋顶和墙壁会凝结成大量的水珠，极易造成鸡舍内过度潮湿，给细菌和寄生虫的大量繁殖创造了条件，对养鸡极为不利。因此，一定要强化管理，注意保持鸡舍内的清洁和干燥，加水时切忌过多过满，及时维修损坏的水槽，严禁向舍内地面泼水。

（4）注意定期消毒：消毒工作贯穿于养鸡的整个过程中，早春气温较低，细菌的活动频率虽然有所减弱，但稍遇合适的条件即会大量繁殖，危害鸡群健康。加之早春气候寒冷，鸡体的抵抗力普遍减弱，若忽视消毒工作，极易导致疫病暴发和流行。一般在冬春季节常用饮水消毒的办法进行消毒，即在饮水中按比例加入消毒剂（如百毒杀、强力消毒灵、次氯酸钠等），每周进行 1 次即可。而对过夜鸡舍内的地面则可使用白石灰、强力消毒灵等干粉状的消毒剂进行喷洒消毒，每周 1～2 次较为适宜。

（5）注意补充光照：蛋鸡光照不足常会引起产蛋率下跌，为了克服这一自然缺憾,可采用人工补充光照的方式弥补。

(6)注意减少应激:鸡胆小,对外界环境的变化十分敏感,极易受惊。因此,喂料、加水、捡蛋、消毒、清扫、清理粪便等工作要有一定的时间和顺序,工作时动作一定要轻缓,严禁陌生人和其他动物进入鸡舍。若外界发生强烈的声响(如过节时的鞭炮声、刺耳的锣鼓声、呼啸怪叫的北风声等),饲养人员要及时进入鸡舍,给鸡造成一种"主人就在身边"的心理安全感,同时还可在饲料或饮水中加入适量的多种维生素或者其他抗应激的药物,防止和减少应激反应的发生。

(7)注意增加能量:鸡靠吃进体内的饲料获得热能来维持体温,外界的气温越低,鸡体用于御寒的热能消耗就越多。据测定,早春鸡的饲料消耗量比其他季节约增加 10％～15％,因此,早春鸡的饲料必须保证能量充足,在日粮中除保持蛋白质的一定比例外,还应适当增加含淀粉和糖类较多的高能饲料,以满足鸡的生长和生产需要。

(8)注意增强体质:早春鸡抵抗力下降,要特别注意搞好防疫灭病工作,定期进行预防接种。根据实际情况还可定期投喂一些预防性药物,适当增加饲料中维生素和微量元素的含量,忌喂发霉变质的饲料、污水和夹杂有冰雪的冷水,以提高鸡体的抵抗力。

(9)注意防止贼风:从门窗缝隙和墙洞中吹进的寒风称为贼风,它对鸡的影响极大,特别容易使鸡感冒发病,因此,要注意观察,及时关闭门窗,堵塞墙洞和缝隙,防止贼风侵扰。

(10)注意消除鼠害:早春外界缺少鼠食,老鼠常会聚集于鸡舍内偷食饲料,咬坏用具,甚至传染疫病,咬伤、咬死鸡只,或者引发鸡的应激反应,对养鸡生产危害较大,因此要想尽一切办法坚决予以消灭。

2. 散养鸡的夏季管理

气候炎热,食欲下降。夏季的工作重点是防暑降温,维持蛋鸡的食欲和产蛋。在散养区设置凉棚，增加精料的喂量，满足产蛋要求，利用早晚气温较低的时段，增加饲喂量。每天早上天一亮就放鸡，傍晚延长采食时间，保证清洁饮水和优质青绿饲料供应。消灭蚊虫、苍蝇，减少传染病的发生。

（1）夏季气候多变，突然刮大风、下阵雨和惊雷都易使鸡产生应激，可在饮水中加入电解多维，气候变化之前使用一定量的青霉素、链霉素、金霉素等抗生素都可有效地预防应激。

（2）抓好防暑降温工作：温度与产蛋量有直接关系，蛋鸡最理想的产蛋温度为 15～24 ℃，25 ℃以上产蛋率逐渐下降，30 ℃以上鸡就会出现张嘴呼吸、两翅张开现象，这时产蛋率显著下降，甚至停产，环境温度长期在 35 ℃以上很可能出现大批死亡。因此，要想夏季保持多产蛋，必须采取散养场搭遮阳篷，鸡舍通风喷水、墙体刷白、把棚舍四面打开等措施降温防暑，将鸡舍和鸡场环境控制在 28 ℃以下。

（3）供给充足饮水：鸡的饮水量随环境温度的变化而大幅度变化，夏季饮水量大约是冬季的 4 倍，大约是采食量的 3.5 倍。鸡不喜欢饮用温度较高的水，夏季要注意让蛋鸡饮用清洁卫生的凉水，最好是山泉水。因为体温的升高需大量的热能，所以即使周围环境温度升高很大，体温升高也非常缓慢。同时，随粪尿排泄的水分增加，带走大量的体热。

（4）调整营养：夏季环境温度高，维持蛋鸡需要的热能要降低，而蛋白质需要相对提高。夏季保持蛋鸡多产蛋的有效方法是用动、植物脂肪代替碳水化合物，以改变能量与蛋白质的比例，同时，还要注意保持氨基酸的平衡。

①减少能量饲料比例：夏季气温高，鸡维持自身所需的能量要少得多，所以夏季产蛋鸡的饲料中，应适当降低能量含量。一般日粮中的高能饲料（如玉米等）应减少到 50% 左右，同时增加一些含能量较少的糠麸类饲料，占饲料总量的 20%。

②增加蛋白质饲料含量：夏季由于鸡的采食量少，如饲料中蛋白质含量不足，会影响鸡的生长和产蛋。因此，夏季蛋鸡的饲料中蛋白质含量应提高2％左右，其中，植物性蛋白质饲料，如豆饼、麻饼、棉籽饼等可占日粮的20％～25％；动物性蛋白质饲料，如鱼粉、羽毛粉等可占日粮的5％～8％。

③提高饲料中钙磷比：夏季蛋鸡处于产蛋高峰期，钙磷的需要量较大，同时，饲料中的有机磷利用率明显降低，所以应提高饲料中的钙磷比例。一般可增加1％～2％的骨粉和2％的贝壳粉，或将贝壳粉放在另设的食槽中，任鸡自由啄食。

（5）添加抗热应激添加剂：炎热的夏季，在蛋鸡补充饲料中添加适量抗热应激添加剂有助于提高产蛋量，饲料中添加维生素C电解多维等，以及饮水中添加氯化锌、氯化铵、碳酸氢钠、阿司匹林等，并适当减少盐的含量，可有效减轻热应激危害，提高蛋鸡的产蛋量和质量。还可给蛋鸡饲喂中草药添加剂，它既能防治某些疾病，又能抗热应激，对提高鸡生产性能有明显效果。如清热降火类的有石膏、栀子等，能帮助机体散热；祛暑类的有藿香、香薷，能散热防中暑；安神镇惊类的有远志、柏子仁、酸枣仁，能安神镇惊，有抗热应激作用。

（6）补充光照：晚上10～11点钟应准时关灯，以保证产蛋鸡在出舍前将蛋产在棚舍内。

（7）加强散养管理：全天供足新鲜、清洁的凉水；尽量减少饲养密度可有效地降低环境温度；注意早放鸡，晚收鸡，尽量避开炎热的时间让鸡到野外采食；白天气温高时，鸡采食量降低，可在晚上多补充料，可以弥补白天采食的不足，同时也可使鸡产蛋后及时补充消耗的体力。对夏季在棚外过夜的鸡要及时赶回，以防刮风、下雨、打雷，使鸡受到刺激较大，另外回鸡舍可以避免狐狸、黄鼠狼之类的天敌。

（8）做好疫病防治工作：夏季是鸡体质弱的时期，应切实做好疫病防治工作。坚持每周 2～3 次带鸡消毒，保持鸡舍清洁卫生。严格执行免疫程序，定时进行新城疫抗体监测，发现异常，及时采取相应措施。对鸡舍内及散养场定期喷洒对人畜无害的除虫菊酯等杀虫剂，彻底消灭蚊蝇、蠓等害虫。在补充饲料中定期投放泰灭净、克球粉等药物，做好鸡病的预防工作。

(9)预防寄生虫：夏季是鸡寄生虫病的高发期，可用 $5×10^{-6}$ 的抗球王拌料预防；驱除体内绦虫，用灭绦灵 150～200 毫克/千克体重拌料；驱除体内线虫，用左旋咪唑 20～40 毫克/千克体重，1 次口服；驱体表寄生虫，如虱子、螨，用 0.03％蝇毒磷水乳剂或 4000～5000 倍杀灭菊酯溶液洒体表、栖架、地面。

(10)防饲料霉变：夏天温度高，湿度大，饲料极易发霉变质，进料时应少购勤进；添料时要少加勤添，而且量以每天吃净为宜，防止日子过长，底部饲料霉变。

3. 散养鸡的秋季管理

入秋后，日照逐渐缩短，天气转凉，成年母鸡开始停产换羽，新蛋鸡陆续产蛋，可采用综合饲养管理技术，提高养殖效益。

(1)调整鸡群：将低产鸡、停产鸡、弱鸡、僵鸡、有严重恶癖的鸡、产蛋时间短的鸡、体重过大过肥或过瘦的鸡、无治疗价值的病鸡及时挑选出来，分圈饲养，增加光照，每天保持 16 小时以上，多喂优质饲料，促使鸡增膘，及时上市处理出售。留下生产性能好、体质健壮、产蛋正常的鸡。一般产蛋鸡饲养 1～2 年为最好，超过 2 年以上的母鸡最好淘汰。

(2)强制换羽：秋季成年蛋鸡停产换羽的时间长达 4 个月左右。鸡在换羽期间产蛋量大大减少，且因个体换羽时间有早有晚，换羽后开产也有先有后，产蛋高峰期来得晚，给饲养管理带来不便，所以必须人工强制换羽，促使同步换羽，同时开产。

(3)饲喂添加剂：秋季在蛋鸡的日粮中添加一些添加剂，可提高鸡的产蛋量、抗应激和抗病能力,并能节省饲料。

①激蛋添加剂:将激蛋添加剂按 0.25% 的比例均匀地拌入饲料中,任鸡自由采食,可提高产蛋率,并能增强免疫力。

②维生素 C:在蛋鸡每千克日粮中添加维生素 C 500 克。

③小苏打:在蛋鸡的日粮中添加 0.1%～0.15% 的小苏打,除提高产蛋率外还能增加蛋壳厚度。

(4)增加光照:光照能刺激排卵,增加产蛋量。开始产蛋时每周增加光照时间半小时,以后每 1 周增加半小时,直到每天光照时间达到 16 小时为止。

(5)驱虫:秋季新鸡处于开产期,老鸡处于换羽期,新、老鸡处于产蛋低潮,此时是驱虫的最佳时期,对蛋鸡产蛋无大的影响。

(6)加强卫生防疫:秋季气温适宜病原微生物大量繁殖,鸡易患各种疾病,应搞好鸡舍的环境卫生,定期进行消毒。对鸡舍墙壁、地面、用具等要定期用 2%～3% 的烧碱水溶液或 2%～4% 的来苏儿溶液或 0.2%～0.5% 的过氧乙酸溶液消毒,也可用 0.1% 的新洁尔灭溶液消毒。要做好防疫工作,给鸡注射新城疫Ⅰ系、禽霍乱、鸡传染性喉气管炎等疫苗。同时,严防一切应激因素的发生,保持鸡舍及周围环境的安静,尽量减少惊吓、转群、捉鸡等应激因素,防止猫、狗等进入鸡舍而惊吓鸡群,饲料加工、装卸应远离鸡舍。

4. 散养鸡的冬季管理

天气寒冷的季节,大多数散养鸡产蛋率下降或者停产。要使散养鸡创造更高的经济效益,天冷不歇窝,多下蛋,必须采取科学的管理措施。

(1)把产蛋高峰安排在冬季:散养鸡生产存在旺季和淡季之分,通常情况下,春节期间鸡蛋消费量增加,加之此时气温低,鸡蛋较容易保存,因此如果把蛋鸡产蛋高峰安排在节日期间,那就会满足市场供应,创造更高的经济效益。目前,养殖专业户散养的鸡,一般在150天左右进入产蛋期,25～42周龄产蛋率较高,产蛋高峰期在28～35周龄或更长些,产蛋率可高达85%以上。这时母鸡产蛋的生理机能正处在一生中最旺盛的时期,必须有效地利用这一宝贵时间。想把蛋鸡产蛋高峰安排在春节期间,必须在6月份左右进雏鸡。

(2)增加鸡舍的光照时间:冬末和初春自然光照时间短,不能满足蛋鸡产蛋的生理需求,必须增加光照时间。一般来说,育成期的光照时间每天需保持在8～10个小时,对产蛋高峰期安排在冬季的蛋鸡来说,就要在后期用人工光照来补充自然光照的不足。进入21周龄,可以每星期延长光照时间1个小时,直至26周龄时光照时间达到每天16个小时,以后恒定不变。补充光照的办法是在早晨天亮之前或晚上天黑时,开电灯照明。注意按计划按时开关灯,不能乱开乱关,不能扰乱母鸡对光刺激形成的反应。

(3)注意鸡舍保暖:冬末初春夜间气温低,当气温在13℃以下时就会对蛋鸡产蛋造成影响。表现在鸡的耗料量增加,产蛋率下降。这是因为气温过低,鸡维持自身体能所需要的营养增加而耗料量增加,另外,维持营养需要增加,相对生产营养需要降低而产蛋营养不足,产蛋率下降。要避免这些损失,不浪费饲料,必须对鸡舍采取必要的保暖措施。因此进入冬季要封闭棚舍迎风面的窗户,在背风面设置门、窗。放鸡要晚,进圈要早,以免感冒。晚上蛋鸡入舍后关闭门窗,加上棉窗帘和门帘。每天放鸡出舍前,要先开窗通风。气候寒冷的东北、西北和华北北部地区,舍内要有加温设施,一般用火墙、火道。炉灶应设在舍外,有效防止一氧化碳中毒。早上打开鸡舍时,要先开窗户后开门,让鸡有一个适应寒冷的过程,然后在散养场喂食。生产中发现,冬季喂热食和饮温水可以提高产蛋率,冬季青绿饲料缺乏,可以贮存适量胡萝卜、大白菜来饲喂蛋鸡。饮水不能中断,严防鸡吃雪和喝冰水,以免鸡体散热过多。

（4）增加补充饲料的营养水平：冬末初春草木枯萎，蛋鸡对自然界采食的营养来源减少，必须配合好全价的营养饲料，同时要适当提高人工补料量，以满足蛋鸡产蛋的营养需求。尤其注意饲料中维生素和微量元素的添加，适当提高配合饲料的能量水平。在天气寒冷季节，蛋鸡全价料中能量饲料的比例可比其他季节提高 2%。

第七节　鸡蛋的贮藏与运输

鸡蛋是人们日常生活中最为喜爱的食品之一，它食用方便，具有极高的营养价值，易于消化吸收。从基本营养素上，笼养鸡蛋和散养鸡蛋无本质的区别，主要的区别是在口感上，散养鸡蛋更有鸡蛋味道。在外观上两者的区别主要是蛋重和蛋形，同样的品种散养鸡产的蛋比笼养鸡产的蛋个头小，蛋形偏长（蛋形指数大），蛋壳颜色不一。

一、包装与运输鲜蛋

1. 鲜蛋的包装技术

首先要选择好包装材料，包装材料应当力求坚固耐用，经济方便。可以采用木箱、纸箱、塑料箱、蛋托和与之配套用的蛋箱。

（1）普通木箱和纸箱包装鲜蛋：木箱和纸箱必须结实、清洁和干燥。每箱以包装鲜蛋 300～500 枚为宜。包装所用的填充物，可用切短的麦秆、稻草或锯末屑、谷糠等，但必须干燥、清洁、无异味，切不可用潮湿和霉变的填充物。包装时先在箱底铺上一层 5～6 厘米厚的填充物，箱子的四个角要稍厚些，然后放上一层蛋，蛋的长轴方向应当一致，排列整齐，不得横竖乱放。在蛋上再铺一层 2～3 厘米的填充物，再放一层蛋。这样一层填充物一层蛋直至将箱装满，最后一层应铺 5～6 厘米厚的填充物后加盖。木箱盖应当用钉子钉牢固，纸箱则应将箱盖盖严，并用绳子包扎结实。最后注明品名、重量并贴上"请勿倒置"、"小心轻放"的标志。

（2）利用蛋托和蛋箱包装鲜蛋：蛋托是一种塑料制成的专用蛋盘，将蛋放在其中，蛋的小头朝下，大头朝上，呈倒立状态。每蛋一格，每盘 30 枚。蛋托可以重叠堆放以不致将蛋压破。蛋箱是蛋托配套使用的纸箱或塑料箱。利用此法包装鲜蛋能节省时间，便于计数，破损率小，蛋托和蛋箱可以经消毒后重复使用。

2. 鲜蛋的运输

在运输过程中应尽量做到缩短运输时间，减少中转。根据不同的距离和交通状况选用不同的运输工具，做到快、稳、轻。"快"就是尽可能减少运输中的时间；"稳"就是减少震动，选择平稳的交通工具；"轻"就是装卸时要轻拿轻放。

此外还要注意蛋箱要防止日晒雨淋；冬季要注意保暖防冻，夏季要预防受热变质；运输工具必须清洁干燥；凡装运过农药、氨水、煤油及其他有毒和有特殊气味的车、船，应经过消毒、清洗后没有异味时方可运输。

二、鲜鸡蛋贮藏

健康母鸡所产的鸡蛋内部是没有微生物的，新生蛋壳表面覆盖着一层由输卵管分泌的黏液所形成的蛋白质保护膜，蛋壳内也有一层由角蛋白和黏蛋白等构成的蛋壳膜，这些膜能够阻止微生物的侵入。因此,不能用水洗待贮放的鸡蛋,以免洗去蛋壳上的保护膜。此外,蛋清中含有多种防御细菌的蛋白质,如球蛋白、溶菌酶等,可保持鸡蛋长期不被污染变质。在鸡蛋贮存过程中,由于蛋壳表面有气孔,蛋内容物中水分会不断蒸发,使蛋内气室增大,蛋的重量不断减轻。蛋的气室变化和重量损失程度与保存温度、湿度、贮存时间密切相关,久贮的鸡蛋,其蛋白和蛋黄成分也会发生明显变化,鲜度和品质不断降低。根据鸡蛋的多少采取适当的贮存方法对保持鸡蛋品质是非常重要的。

1. 少量鸡蛋保鲜法

(1)选择好保存鸡蛋的容器并在底部铺上干燥、干净的谷糠,也可以选择锯末或者草木灰,放一层蛋铺一层锯末,然后存放于阴凉通风处,蛋可保鲜几个月(最好隔些日子翻动检查 1 次)。

(2)在鲜鸡蛋上涂点食用油等植物油脂,这样鸡蛋在气温 25～30 ℃可保鲜 1 个月以上。

2. 大量鸡蛋冷藏法

大量鸡蛋要采用冷藏库冷藏。冷藏库温度以 0 ℃左右为宜,可降至－2 ℃,但不能使温度经常波动,相对湿度以 80％为宜。鲜蛋入库前,库内应先消毒和通风。消毒方法可用漂白粉液(次氯酸)喷雾消毒和高锰酸钾甲醛法熏蒸消毒。送入冷藏库的蛋必须经严格的外观检查和灯光透视,只有新鲜清洁的鸡蛋才能贮放。经整理挑选的鸡蛋应整齐排列,大头朝上,在容器中排好,送入冷藏库前必须在 2～5 ℃的环境中预冷,使蛋温逐渐降低,防止水蒸气在蛋表面凝结成水珠,给真菌生长创造适宜环境。为了预防霉菌,可用超低量喷雾器向鸡蛋上喷洒浓度为 1‰的多菌灵溶液。同样原理,出库时则应使蛋逐渐升温,以防止出现"汗蛋"。冷藏开始后,应注意保持和监测库内温、湿度,定期透视抽查,每月翻蛋 1 次,防止蛋黄黏附在蛋壳上。保存良好的鸡蛋,可贮放 10 个月。

第八章　疾病防治

做好鸡群的疫病防治,是保证养殖效益的前提。因此要认真做好鸡群的疫病预防和防治工作。

第一节　防　疫

一、鸡场防疫

1. 可引发鸡病的病源微生物

传染病是由人们肉眼看不见而具有致病性的微小生物——病源微生物引起的,包括病毒、细菌、霉形体、真菌及衣原体等。

(1)病毒:病毒是很小的微生物,一般圆形病毒的直径为几十至一百纳米,必须用电子显微镜才能观察到。

(2)细菌:细菌是单细胞微生物,可分为球菌、杆菌和螺旋状菌3种类型,有些球菌和杆菌在分裂后排列成一定形态,分别称为双球菌、链球菌、葡萄球菌、链状杆菌等。

鸡的细菌性传染病可以用药物预防和治疗。除禽霍乱外,没有可供免疫接种的菌苗。

(3)霉形体:霉形体也称支原体,大小介于细菌、病毒之间,结构比细菌简单。多种抗生素如土霉素、金霉素对霉形体有效,但青霉素对霉形体无效。

(4)真菌:真菌包括担子菌、酵母菌和霉菌,一般担子菌、酵母菌对动物无致病性。霉菌种类繁多,对鸡有致病性的主要是某些黄霉菌,如烟曲霉菌使饲料、垫料发霉,引起鸡的曲霉菌病,黄曲霉菌常使花生饼变质,喂鸡后引起中毒。

霉菌在温暖(22～28 ℃)、潮湿和偏酸性(pH 值为 4～6)的环境中繁殖很快,并可产生大量的孢子浮游在空气中,易被鸡吸入肺部。一般消毒药对霉菌无效或效力甚微。

(5)衣原体:衣原体是一种介于病毒和细菌之间的微生物,生长繁殖的一定阶段寄生在细胞内,对抗生素敏感。

2. 鸡病的传播媒介

(1)卵源传播:由蛋传播的疾病有:鸡白痢、禽伤寒、禽大肠杆菌病、鸡毒支原体病、禽脑脊髓炎、禽白血病、病毒性肝炎、包涵体肝炎、减蛋综合征等。

(2)孵化室传播:主要发生在雏鸡开始啄壳至出壳期间。这时雏鸡开始呼吸,接触周围环境,就会加重附着在蛋壳碎屑和绒毛中的病原体的传播。通过这一途径传播的疾病有禽曲霉菌病、沙门菌病等。

(3)空气传播:经空气传播的疾病有鸡败血支原体病、鸡传染性支气管炎、鸡传染性喉气管炎、鸡新城疫、禽流感、禽霍乱、鸡传染性鼻炎、鸡马立克病、禽大肠杆菌病等。

(4)饲料、饮水和设备、用具的传播:病鸡的分泌物、排泄物可直接进入饲料和饮水中,也可通过被污染的加工、储存和运输工具、设备、场所、及人员而间接进入饲料和饮水中,鸡摄入被污染的饲料和饮水而导致疾病传播。饲料箱、蛋箱、装禽箱、运输车等设备也往往由于消毒不严而成为传播疾病的重要媒介。

（5）垫料、粪便和羽毛的传播：病鸡粪便中含有大量病原体，病鸡使用过的垫料常被含有病原体的粪便、分泌物和排泄物污染，如不及时清除和更换这些垫料并严格消毒鸡舍，极易导致疾病传播。鸡马立克病病毒存在于病鸡羽毛中，如果对这种羽毛处理不当，可以成为该病的重要传播因素。

（6）混群传播：某些病原体往往不使成年鸡发病，但它们仍然是带菌、带毒和带虫者，具有很强的传染性。如果将后备鸡群或新购入的鸡群与成年鸡群混合饲养，会造成许多传染病暴发流行。由健康带菌、带毒和带虫的家禽而传播的疾病有鸡白痢沙门菌病、鸡毒支原体病、禽霍乱、鸡传染性鼻炎、禽结核、鸡传染性支气管炎、鸡传染性喉气管炎、鸡马立克病、球虫病、组织滴虫病等。

（7）其他动物和人的传播：自然界中的一些动物和昆虫如狗、猫、鼠、各种飞禽、蚊、蝇、蚂蚁、蜻蜓、甲壳虫、蚯蚓等都是鸡传染病的活的媒介。人常常在鸡病的传播中起着很大的作用，当经常接触鸡群的人所穿的衣服、鞋袜以及他们的体表和手被病原体污染后，如不彻底消毒，就会把病原体带到健康鸡舍而引起发病。

二、鸡群防疫

在山林、果园养鸡时，鸡接触病原菌多，必须认真按养鸡要求严格做好卫生消毒和防疫工作。

1. 环境卫生

（1）每天清除舍内粪便以及清扫鸡舍周围场地，保持鸡舍周围场地清洁干燥。

（2）对鸡粪、污物、病死鸡等进行无害化处理。

(3)定期用2%～3%烧碱或20%石灰乳对鸡舍及鸡舍周围场地进行彻底消毒(也可撒石灰粉)。

(4)用药灭蚊、灭蝇、灭鼠等。

2. 疾病控制

(1)按正常免疫程序接种疫苗。

(2)注意防治球虫病及消化道寄生虫病。经常检查,一旦发现,及时驱除。也可在饲料或饮水中添加抗球虫药物如氯苯胍、抗球王等,预防和减少球虫病发生。

(3)严禁闲杂人员往来。

3. 加强免疫

由于野外飞鸟、老鼠等可以将一些病的病原体传播给鸡,所以要加强免疫防病。

4. 预防性投药

预防性投药是一项有效控制疫病的重要措施。

(1)鸡白痢:对初生雏鸡自开食起,0～7日龄阶段,按饲料比例加入氯霉素0.05%,7日龄后按饲料比例加入0.02%的痢特灵(7日龄前不用为好),或用磺胺敌菌净合剂。敌菌净(DVD,二甲氧苄氨嘧啶)是一种磺胺增效剂,磺胺与敌菌净的配比为5:1,用量为饲料比例的0.02%。连续投药时间一般为5～7天。

(2)球虫病

①球痢灵,按0.0125%的比例混入饲料,自15日龄起,连续投药30～45天。

②痢特灵,按0.02%～0.04%比例混到饲料或饮水中(饮水用0.02%),自1～15日龄起,连用5～7天,隔1周再用1次。

③氨丙林每千克饲料添加0.3克,连用10天,以后减半量再用14天。

（3）禽霍乱：饲料中加 0.4％～0.5％长效磺胺（SMP），或按饲料量加入 0.05％～0.1％土霉素，或加（25～50）×10^{-6}喹乙醇，连续投药 7～10 天，以后根据具体情况再定。

第二节 消 毒

一、鸡场消毒种类

1. 清洗擦拭

清洗擦拭是整个消毒过程的第一步。用自来水或用喷雾器做动力的高压水，对鸡舍、孵化室、孵化器、出雏器、地网、隔网、产蛋箱进行冲洗。不能冲洗部分（电器设备）先用扫帚清扫，再用棉纱擦拭干净。

2. 喷洒消毒

用喷雾器将配制好的消毒液，如火碱溶液、次氯酸钠液、过氧乙酸液等，对鸡舍环境、道路喷洒，将病源微生物消灭。

3. 熏蒸消毒

即用消毒药经过处理产生气体杀灭病源微生物。鸡场常用福尔马林、过氧乙酸等加热或加强氧化剂产生反应，用所蒸发的气体对鸡舍、更衣室、孵化器、出雏器、蛋盘等进行熏蒸消毒。熏蒸消毒时环境要密闭，室温在 15～20 ℃，相对湿度 60％～80％效果最好。

4. 浸泡消毒

将一定比例的消毒药放置水池或一定的容器内，将生产工具、小型设备、器械等投放消毒液中，经过一定时间的作用，杀死病源微生物。鸡场常用于蛋盘、出雏器、围网、试验器材等的消毒。

5. 物理消毒

如火焰消毒是用高热将病源微生物杀死。鸡场常用火焰消毒器（国内生产的火焰消毒器是以煤油或柴油为燃料）对空闲鸡舍的地网、地面、墙壁、围网、产蛋箱、蛋架等，进行火焰喷烧消毒。

6. 生物消毒

利用一些生物来杀灭或清除病源微生物。鸡场常将鸡粪、垃圾堆集发酵、清除污水塘等对环境进行清洁处理，减少污染。

二、常用消毒药物

1. 火碱

火碱又名氢氧化钠、苛性钠，杀菌作用很强，是一种药效长、价格便宜、使用最广泛的碱类消毒剂。

火碱为白色固体，易溶于水和醇，在空气中易潮解，并有强烈的腐蚀性。

火碱常用于病毒性感染（如鸡新城疫等）和细菌性感染（如禽霍乱等）的消毒，还可用于炭疽的消毒，对寄生虫卵也有杀灭作用。用于鸡舍、环境、道路、器具和运输车辆消毒时，浓度一般在1.5%~2%。注意高浓度碱液可灼伤人体组织，对金属制品、漆面有损坏和腐蚀作用。

2. 生石灰

生石灰为白色或灰色块状物，主要成分是氧化钙（CaO）。它易吸收空气中的二氧化碳和水，逐渐形成碳酸钙而失效。加水后放出大量的热，变成氢氧化钙，以氢氧根离子起杀菌作用，钙离子也能与细菌原生质起作用而形成蛋白钙，使蛋白质变性。

生石灰对一般细菌有效，对芽孢及结核杆菌无效。常用于墙壁、地面、粪池及污水沟等的消毒。使用时，可加水配制成 10%～20% 的石灰乳剂，喷洒房舍墙壁、地面进行消毒；用生石灰粉对鸡舍地面撒布消毒，其消毒作用可持续 6 小时左右。

3. 高锰酸钾

高锰酸钾是一种使用广泛的强氧化剂，有较强的去污和杀菌能力，能凝固蛋白质和破坏菌体的代谢过程。

高锰酸钾为暗紫色结晶，无嗅，易溶于水。使用时，0.1% 的水溶液用于皮肤、黏膜创面冲洗及饮水消毒；0.2%～0.5% 的水溶液用于种蛋浸泡消毒；2%～5% 的水溶液用于饲养用具的洗涤消毒。

4. 漂白粉

漂白粉含氯石灰，是最常用的含氯化合物，为次氯酸钙与氢氧化钙的混合物，呈灰白色粉末，有氯臭味。

漂白粉的杀菌作用与环境中的酸碱度有关，酸性环境中杀菌力最强；碱性环境中杀菌力较弱。此外，还与温度和有机物的存在有关，温度升高杀菌力也随着增强；环境中存在有机物时，也会减弱其杀菌力。

鸡场常用它对饮水、污水池、鸡舍、用具、下水通道、车辆及排泄物等进行消毒。饮水消毒常用量为每立方米河水或井水中加 4～8 克漂白粉，拌匀，30 分钟后可饮用。1%～3% 澄清液可用于饲槽、水槽及其他非金属用具的消毒。污水池常用量为 1 立方米水中加入 8 克漂白粉（有效氯为 25%）。10%～20% 乳剂可用于鸡舍和排泄物的消毒。鸡舍内常用漂白粉作为甲醛熏蒸消毒的催化剂，其用量是甲醛用量的 50%。

5. 次氯酸钠

次氯酸钠是一种含氯的消毒剂。含氯消毒剂溶于水中，产生的次氯酸愈多，杀菌力愈强。鸡场常用于水和各种器具的表面消毒,鸡舍内的各种设备、孵化器具的喷洒消毒。一般常用消毒液可配制为 0.3%～1.5%。如在鸡舍内有鸡的情况下需要消毒时,可带鸡进行喷雾消毒,也可对地面、地网、墙壁、用具刷洗消毒。带鸡消毒的药液的浓度配制一般为 0.05%～0.2%,使用时避免与酸性物质混合,以免产生化学反应,影响消毒灭菌效果。

6. 乳酸

乳酸为无色澄明或微黄色的糖浆状液体,无臭、味酸,能与水或醇任意混合。

乳酸对伤寒杆菌、大肠杆菌、葡萄球菌和链球菌具有杀灭和抑制作用,它的蒸汽或喷雾可用于空气消毒,能杀死流感病毒及某些革兰阳性菌。用于空气消毒时,用量为每 100 立方米空间 6～12 毫升,加水 24～48 毫升,使其稀释成 20% 浓度,消毒 30～60 分钟。

7. 酒精

即乙醇,为无色透明的液体,易挥发和燃烧。一般微生物接触酒精后即脱水,导致菌体蛋白质凝结而死亡。杀菌力最强的浓度为 70%。

酒精对芽孢无作用,常用于注射部位、术部、手、皮肤等涂擦消毒和外科器械的浸泡消毒。

8. 碘酊

即碘酒,为碘与酒精混合配制成的棕色液体,常用的有 3% 和 5% 两种。

碘酒杀菌力很强,能杀死细菌、病毒、霉菌、芽孢等,常用于鸡的细菌感染和陈旧性外伤,但对鸡皮肤有刺激作用。常用于注射部位、器械、术部及手的涂擦消毒。

9. 紫药水

紫药水对组织无刺激性，毒性很小，市售有 1%～2% 的溶液和醇溶液，常用于鸡群的啄伤，除治疗创伤外，还可防止创面再被鸡啄伤。

10. 煤酚皂溶液

即来苏水，是由煤酚、豆油、氢氧化钠、蒸馏水混合制成的褐色黏稠液体，有甲酚的臭味，能溶于水和醇。

来苏水主要用于鸡舍、用具与排泄物的消毒。浓度一般为 3%～5%；用于排泄物消毒时的浓度为 5%～10%。

11. 新洁尔灭

即溴苄烷铵，是一种毒性较低、刺激性小的消毒剂，为无色或淡黄色的胶状液体，芳香，味极苦，易溶于水。

新洁尔灭具有杀菌和去污两种效力，对化脓性病原菌、肠道菌及部分病毒有较好的杀灭能力，对结核杆菌及真菌的杀灭效果不好，对细菌芽孢一般只能起抑制作用。常用于手术前洗手、皮肤消毒、黏膜消毒及器械消毒，还可用于养鸡用具、种蛋的消毒。使用时，0.05%～0.1% 水溶液用于手术前洗手；0.1% 水溶液用于蛋壳的喷雾消毒和种蛋的浸涤消毒，此时要求液温为 40～43 ℃，浸涤时间不超过 3 分钟；0.15%～2% 水溶液可用于鸡舍内空间的喷雾消毒。

12. 福尔马林

福尔马林为含甲醛 36% 的水溶液，又称甲醛水。为无色带有刺激性和挥发性的液体，内含 40% 的甲醛，杀菌力强。生产中多采用福尔马林与高锰酸钾按一定比例混合对密闭鸡舍、仓库、孵化室等进行熏蒸消毒。

（1）鸡舍、孵化室熏蒸消毒用药量：每立方米房舍空间需福尔马林 15～45 毫升、高锰酸钾 7.5～22.5 克，根据房舍污染程度和用途不同，使用不同的药量。用药时，福尔马林毫升数与高锰酸钾克数比例为 2：1，以保证反应完全。

消毒时，先密闭消毒房舍，然后把福尔马林倒入玻璃、陶瓷或金属容器内（容器的容量为福尔马林的 10 倍以上），再放入高锰酸钾，两种药品混合后马上反应而产生烟雾。消毒时间为 12 小时以上，消毒结束后打开门窗。为消除福尔马林的刺激性气味，可用浓氨水，每立方米容积用 2～5 毫升加热蒸发。

熏蒸消毒一般室内温度不低于 20 ℃，相对湿度为 60%～80%。

（2）雏鸡体表消毒用量：每立方米容积用福尔马林 7 毫升、水 35 毫升、高锰酸钾 3.5 克，熏蒸 1 小时。熏蒸时可见雏鸡不安、闭眼、走动、甩鼻、张喙、蹦跳，半小时后逐渐安静，消毒后的雏鸡不影响生长发育。

福尔马林配制成 2%～3%的溶液喷洒鸡舍，可在带鸡情况下使用。

（3）种蛋熏蒸消毒用量：每立方米容积用福尔马林 14 毫升、高锰酸钾 7 克、水 7 毫升。若在孵化器内消毒，药物混合后立即关闭孵化器机门及通风孔道，熏蒸 20 分钟再将残余气体排出。

三、消毒方法

1. 消毒的先后顺序

鸡场消毒要先净道（运送饲料等的道路）、后污道（清粪车行驶的道路），先后备鸡场区、后蛋鸡场区，先种鸡场区、后育肥鸡场区，各鸡舍内的消毒桶严禁混用。

2. 消毒频率

一般情况下，每周要进行不少于 1 次的鸡舍和带鸡消毒；发病期间，坚持每天晚上带鸡消毒。

3. 消毒方法

（1）人员消毒：鸡场尤其是种鸡场或具有适度规模的鸡场，在圈养饲养区出入口处应设紫外线消毒间和消毒池。鸡场的工作人员和饲养人员在进入圈养饲养区前，必须在消毒间更换工作衣、鞋、帽，穿戴整齐后进行紫外线消毒 10 分钟，再经消毒池进入鸡场饲养区内。育雏舍和育成舍门前出入口也应设消毒槽，门内放置消毒缸（盆）。饲养员在饲喂前，先将洗干净的双手放在盛有消毒液的消毒缸（盆）内浸泡消毒几分钟。

消毒池和消毒槽内的消毒液，常用 2% 的火碱水或 20% 的石灰乳以及其他消毒剂配成的消毒液。浸泡双手的消毒液通常用 0.1% 的新洁尔灭或 0.05% 的百毒杀溶液。鸡场通往各鸡舍的道路也要每天用消毒药剂进行喷洒。各鸡舍应结合具体情况采用定期消毒和临时性消毒。鸡舍的用具必须固定在饲养人员各自管理的鸡舍内，不准相互通用，同时饲养人员也不能相互串舍。

除此以外，鸡场应谢绝参观。外来人员和非生产人员不得随意进入圈养饲养区，场外车辆及用具等也不允许随意进入鸡场，凡进入圈养饲养区内的车辆和人员及其用具等必须进行严格地消毒，以杜绝外来的病原体带入场内。

（2）环境消毒：鸡舍周围环境每 2～3 个月用火碱液消毒或撒生石灰 1 次；场周围及场内污水池、排粪坑、下水道出口，每 1～2 个月用漂白粉消毒 1 次。

（3）鸡舍消毒程序：清除、清扫→冲洗→干燥→第一次化学消毒→10% 的石灰乳粉刷墙壁和天棚→移入已洗净的笼具等设备并维修→第二次化学消毒→干燥→甲醛熏蒸消毒。

清扫、冲洗、消毒要细致认真,一般先顶棚、后墙壁再地面。从鸡舍远离门口的一边到靠近门口的一边,先室内后环境,逐步进行,不允许留死角或空白。清扫出来的粪便、灰尘要集中处理,冲出的污水、使用过的消毒液要排放到下水道中,而不应随便堆置在鸡舍附近,或让其自由漫流,对鸡舍周围造成新的人为的环境污染。第一次消毒,要选择碱性消毒剂,如1%~2%的火碱、10%的石灰乳。第二次消毒,选择常规浓度的氯制剂、表面活性剂、酚类消毒剂、氧化剂等用高压喷雾器按顺序喷洒。第三次消毒用甲醛熏蒸,熏蒸时要求鸡舍的湿度在70%以上,温度在10 ℃以上。消毒剂量为每立方米体积用福尔马林42毫升加42毫升水,再加入21克高锰酸钾。1~2天后打开门窗,通风晾干鸡舍。各次消毒的间隔应在前一次清洗、消毒干燥后,再进行下一次消毒。

(4)用具消毒:蛋箱、蛋盘、孵化器、运雏箱可先用0.1%的新洁尔灭或0.2%~0.5%的过氧乙酸消毒,然后在密闭的室内于15~18 ℃温度下,用甲醛熏蒸消毒5~10小时。鸡笼先用消毒液喷洒,再用水冲洗,待干燥后再喷洒消毒液,最后在密闭室内用甲醛熏蒸消毒。工作人员的手可用0.2%的新洁尔灭水清洗消毒,忌与肥皂共用。

(5)饮水消毒:就是在水中加入适量的消毒剂,杀灭水中的病原微生物。目前,散养鸡腹泻现象比较普遍,原因大都是鸡用饮水中大肠杆菌和沙门菌的含量超标,因此,要搞好鸡的饮水消毒。

①漂白粉:每1000毫升开水加0.3~1.5克或每立方米水加粉剂6~10支,拌匀后30分钟即可饮用。

②抗毒威:以1∶5000的比例稀释,搅匀后放置2小时,让鸡饮用。

③高锰酸钾:配成0.01%的浓度,随配随饮,每周2~3次。

④百毒杀:用50%的百毒杀以1∶(1000~2000)的比例稀释,让鸡饮用。

⑤过氧乙酸：每千克水中加入 20％的过氧乙酸 1 毫升，消毒30 分钟。

注意事项：使用疫（菌）苗前后 3 天禁用消毒水，以免影响免疫效果；高锰酸钾宜现配现饮，久置会失效；消毒药应按规定的浓度配入水中，浓度过高或过低，会影响消毒效果；饮水中只能放一种消毒药。

(6)带鸡消毒：指在鸡整个饲养期内定期使用有效消毒剂对鸡舍内环境和鸡体表喷雾，以杀灭或减少病原微生物，达到预防性消毒的目的。带鸡消毒要选择高效广谱，无毒无害，腐蚀性小，而黏附性较大的消毒药。常用的消毒药有新洁尔灭、百毒杀、过氧乙酸、次氯酸钠、复合酚（菌毒敌）等。

使用高压喷雾器，喷雾时选用雾滴大小为 80～100 微米的喷嘴喷洒，药物用量为每立方米 30 毫升，2 日喷 1 次，易发病季节1 日喷 1 次，喷药距鸡体 50 厘米为好。首次鸡的消毒不低于 10日龄，每次清粪后带鸡消毒 1 次。

用 50％的百毒杀，按 1∶(2000～3000)倍稀释，每天喷雾 1～2 次，每隔 4 天再用 0.2％～0.3％的过氧乙酸喷雾 1 次。喷雾量视气温、鸡龄而定，气温低、鸡龄小、药浓度略高则喷雾量少些（50％的百毒杀按 1∶1000 倍稀释）。饲养后期除带鸡喷雾消毒外，若能结合饮水消毒（其浓度为 50％的百毒杀按 1∶(2000～3000)倍稀释长期饮用)效果更好。

过氧乙酸市售品浓度为 16％～18％。若自行配制，可将 300毫升冰醋酸、15.4 毫升浓硫酸和 150 毫升过氧化氢(30％左右)按顺序混和好，放置 24 小时，即成浓度为 18％的过氧乙酸。使用时，将过氧乙酸稀释成浓度为 0.3％～0.5％的水溶液，进行喷雾消毒，每立方米空间用药 30 毫升左右，鸡舍每周至少喷 3 次。带鸡消毒既可作预防性消毒，又可作紧急消毒。当鸡群发生传染病时，每天消毒 1～2 次，连用 3～5 天可取得良好的效果。

消毒前应注意清除粪便、污物及灰尘,以免降低消毒质量;喷雾消毒时,喷口不可直射鸡,药液浓度和剂量要掌握准确,喷雾程度以地面、墙壁、屋顶均匀湿润和鸡体表稍湿为宜;水温要适当,防止鸡受冻感冒;消毒前应关闭所有门窗,喷雾 15 分钟后要开窗通气,使其尽快干燥;进行育雏室消毒时,事先把室温提高 3～4 ℃,免得因喷雾降温而使幼雏挤压致死;各类消毒剂交替使用,每月轮换 1 次。鸡群接种弱毒苗前后 3 天内停止喷雾消毒,以免降低免疫效果。

(7)鸡粪消毒:把从鸡舍清理出来的鸡粪及污染物、垃圾等,在指定场所堆积发酵,可外覆塑料膜以提高发酵效果。对污染重的鸡粪可焚烧或深埋处理。

(8)病死鸡消毒:凡鸡场病鸡或不明原因死鸡一律装密闭容器送兽医室剖检后,焚烧深埋或直接加生石灰深埋。

第三节　鸡的疫苗免疫

一、预防接种的方法

以病毒为中心的免疫预防接种,需要制订一个省力、经济、合理、预防效果好的预防接种计划,应根据各个地区、各个鸡场以及鸡的年龄、免疫状态和污染状态的不同因地制宜地结合本场鸡情况制订免疫计划。免疫计划或方案在一个鸡场只能相对地、最大限度地发挥其保护鸡群的作用,但随事物的发展也要逐年加以改进,为本场建立一个最佳方案。

疫苗接种可分注射、饮水、滴鼻滴眼、气雾和穿刺法,根据疫苗的种类,鸡的日龄、健康情况等选择最适当的方法。

1. 注射法

此法需要对每只鸡进行保定,使用连续注射器可按照疫苗规定数量进行肌内或皮下注射,此法虽然有免疫效果准确的一面,但也有捉鸡费力和产生应激等缺点。注射时,除应注意准确的注射量外,还应注意质量,如注射时应经常摇动疫苗液使其均匀。注射用具要做好预先消毒工作,尤其注射针头要准备充分,每群每舍都要更换针头,健康鸡群先注,弱鸡最后注射。

(1)皮下注射:用大拇指和食指捏住鸡颈中线的皮肤向上提拉,使形成一个囊。入针方向,应自头部插向体部,并确保针头插入皮下,即可按下注射器推管将药液注入皮下。

(2)肌内注射:对鸡做肌内注射,有3个方法可以选择。第一,翼根内侧肌内注射,大鸡将一侧翅向外移动,露出翼根内侧肌肉即可注射。幼雏可左手握住鸡体,用食指、中指夹住一侧翅翼,用拇指将头部轻压,右手握注射器注入该部肌肉中。第二,胸肌注射,注射部位应选择在胸肌中部(即龙骨近旁),针头应沿胸肌方向并与胸肌平面成45°角向斜前端刺入,不可太深,防止刺入胸腔。第三,腿部肌内注射,因大腿内侧神经、血管丰富,容易刺伤,因此以选大腿外侧为好,这样可避免伤及血管、神经引起跛行。

2. 饮水免疫法

将弱毒苗加入饮水中进行免疫接种。饮水免疫往往不能产生足够的免疫力,不能抵御毒力较强的毒株引起的疾病流行。为获得较好的免疫效果,应注意以下事项:

(1)饮水免疫前2天、后5天不能饮用任何消毒药。

(2)饮疫苗前停止饮水4～6小时,夏季最好夜间停水,清晨饮水免疫。

(3)稀释疫苗的水最好用蒸馏水,应不含有任何使疫苗灭活的物质。

(4)疫苗饮水中可加入 0.1％脱脂乳粉或 2％牛奶(煮后晾凉去皮)。

(5)疫苗用量要增加,通常为注射量的 2～3 倍。

(6)饮水器具要干净,并不残留洗涤剂或消毒药等。

(7)疫苗饮水应避免日光直射,并要求在疫苗稀释后 2～3 小时内饮完。

(8)饮水器的数量要充足,保证 3/4 以上的鸡能同时饮水。

(9)饮水器不宜用金属制品,可采用陶瓷、玻璃或塑料容器。

3. 滴鼻滴眼法

通过结膜或呼吸道黏膜而使药物进入鸡体内的方法,常用于幼雏免疫。按规定稀释好的疫苗充分摇匀后,再把加倍稀释的同一疫苗,用滴管或专用疫苗滴注器在每只幼雏的一侧眼膜或鼻孔内滴 1～2 滴。滴鼻可用固定幼雏手的食指堵着非滴注的鼻孔,加速疫苗吸入,才能放开幼雏。滴眼时,要待疫苗扩散后才能放开幼雏。

4. 气雾免疫法

对呼吸道疾病的免疫效果很理想,简便有效,可进行大群免疫。对呼吸道有亲嗜性的疫苗Ⅱ、Ⅲ、Ⅳ系弱毒疫苗和传染性气管炎强毒疫苗等效果特好。

(1)选择专用喷雾器,并根据需要调整雾滴。

(2)配疫苗用量,一般 1000 羽所需水量 200～300 毫升,也可根据经验调整用量。

(3)平养鸡可集中一角喷雾,可把鸡舍分成两半,中间放一栅栏,幼雏通过时喷雾,也可接种人员在鸡群中间来回走动,至少来回 2 次。

(4)喷雾时操作者可距离鸡 2～3 米,喷头和鸡保持 1 米左右的距离,成 45°角,距离鸡头上方 50 厘米,使雾粒刚好落在鸡的头部。

(5)气雾免疫应注意的问题:所用疫苗必须是高效价的,并且为倍量;稀释液要用蒸馏水或去离子水,最好加 0.1% 的脱脂乳粉或明胶;喷雾时应关闭鸡舍门窗,减少空气流通,避开直射阳光,待全舍喷完后 20 分钟方可打开门窗;降低鸡舍亮度,操作时力求轻巧,减少对鸡群的干扰,最好在夜间进行;为防止继发呼吸道病,可于免疫前后在饮水、饲料中加抗菌药物。

5. 刺种法

刺种的部位在鸡翅膀内侧皮下。在鸡翅膀内侧皮下,选羽毛稀少、血管少的部位,按规定剂量将疫苗稀释后,用洁净的疫苗接种针蘸取疫苗,在翅下刺种。

6. 滴肛或擦肛法

适用于传染性喉气管炎强毒性疫苗接种。接种时,使鸡的肛门向上,翻出肛门黏膜,将按规定稀释好的疫苗滴一滴,或用棉签、接种刷蘸取疫苗刷 3~5 下,接种后应出现特殊的炎症反应。9 天后即产生免疫力。

二、按日龄进行免疫

下面列举了一则商品鸡和种鸡的免疫程序,各地可以此为参考,结合本地实际,制订出更合适的免疫程序。

1. 商品鸡的免疫程序

1 日龄,用鸡马立克病毒冻干苗(火鸡疱疹病毒苗),按瓶签头份,用马立克疫苗稀释液稀释,出壳 24 小时内的雏鸡每羽颈部皮下注射 0.2 毫升。

5 日龄,鸡新城疫Ⅱ系疫苗,用生理盐水 10 倍稀释,每只雏鸡滴鼻和滴眼 0.03～0.04 毫升,约 1 小滴。

7 日龄,用鸡传染性支气管炎 H120 疫苗,生理盐水 10 倍稀释,每只鸡滴眼或滴鼻 1 滴(0.03～0.04 毫升)。也可以按瓶签头份,每只鸡饮水量以 3～5 毫升计算,用干净饮水稀释后在 1 小时内饮完。

10 日龄,用鸡传染性法氏囊病(IBD)疫苗 G-603(美国产),按头份用生理盐水稀释,每只鸡颈部皮下或肌内注射 0.5 毫升。

20 日龄,用生理盐水 500 倍稀释(1000 头份),每只鸡肌内注射鸡新城疫Ⅰ系弱毒疫苗 0.5 毫升。

25～30 日龄,用鸡传染性喉气管炎弱毒疫苗,生理盐水 10 倍稀释,每只鸡单侧滴鼻 1 滴,0.03～0.04 毫升(切忌双侧滴鼻或眼)。

35～40 日龄,接种鸡传染性支气管炎 H50 疫苗,用生理盐水 10 倍稀释,每只满眼 1 滴。

45 日龄,用鸡新城疫Ⅱ系,以 3 倍量饮水免疫。

2. 选留种种鸡的免疫程序

种鸡饲养周期较长,种用价值高,因此要求免疫的项目较多,免疫水平较高,其免疫程序较之商品鸡的免疫程序要复杂。下面是种鸡饲养期的一些免疫项目,在制订具体的免疫程序时可供参考。

1 日龄,用火鸡疱疹病毒冻干疫苗,按瓶签头份加大 20% 的剂量,用马立克疫苗稀释液稀释,每羽刚出壳的雏鸡颈部皮下注射 0.2 毫升。

3 日龄,鸡新城疫(ND)和传染性支气管炎(IB)二联疫苗,按头份稀释后每只鸡滴眼或滴鼻 1～2 滴。

8 日龄,用小鸡新城疫灭活油佐剂苗,按头份进行颈部皮下注射。

13 日龄,鸡传染性法氏囊病(IBD)疫苗 G-603(美国产)按头份以生理盐水稀释,颈部皮下注射。

17 日龄,鸡痘化弱毒冻干疫苗,用生理盐水 200 倍稀释,钢笔尖(经消毒)蘸取疫苗,于鸡翅内侧无血管处皮下刺种一针。

20 日龄,鸡新城疫Ⅱ系(LaSota 毒株),按头份的 3 倍量于干净饮水稀释后,1 小时内饮完疫苗。

25 日龄,鸡传染性喉气管炎(LT)弱毒疫苗,按头份稀释后,每只鸡单侧滴眼或滴鼻 1 滴(切勿双侧滴,否则易造成鸡双眼失明)。

29 日龄,鸡新城疫Ⅰ系,生理盐水按头份稀释,每只肌内注射0.5～1.0 毫升。

45 日龄,禽出败细菌荚膜疫苗,按生产厂商说明使用。

50 日龄,鸡传染性支气管炎疫苗 H52,生理盐水 10 倍稀释,每只鸡滴眼或滴鼻 1 滴。

65 日龄,鸡新城疫Ⅰ系,生理盐水按头份稀释,每只鸡注射1 毫升。

105 日龄,禽脑脊髓炎、鸡新城疫联苗翼膜刺种。

150 日龄,新城疫(ND)＋传染性支气管炎(IB)＋传染性法氏囊病(IBD)三联油佐剂苗,按使用说明,肌内注射。

155 日龄,减蛋综合征油佐剂疫苗,按使用说明肌内注射。

200 日龄以后,根据抗体监测结果,适时再次用鸡新城疫Ⅱ系疫苗口服。

3. 购苗及防疫注意事项

(1)要购买有国家批准文号的正式厂家的接种疫苗,不要购买无厂址、无批准文号的非正式厂家的疫苗。

(2)要从有经营权的单位购买疫苗,同时还要看其保存条件是

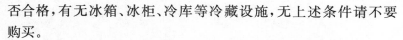

否合格，有无冰箱、冰柜、冷库等冷藏设施，无上述条件请不要购买。

（3）要详细了解疫苗运输和保存的条件。一般要求疫苗冷藏包装运输，收到疫苗后，应立即放在低温环境中保存。保存时限因不同温度而异，各种疫苗都有具体规定。凡是超过了一定温度范围都不能使用。

（4）瓶子破裂、发霉、无标签或者无检号码的疫苗，不能使用。

（5）液体疫苗使用前要用力摇匀，冻干苗要按说明的规定稀释，并充分摇匀，现配现用。剩余疫苗不能再用，废弃前要煮沸消毒。用完的活疫苗瓶同样需要煮沸消毒，因为活疫苗是具毒力的病毒，一旦条件适宜，病毒毒力返强又会侵袭鸡群。

（6）疫苗接种用的注射器、针头、镊子、滴管和稀释的瓶子要清洗并煮沸消毒15～30分钟，不要用消毒药煮沸消毒。

（7）疫苗稀释过程应避光、避风尘和无菌操作，尤其是注射用疫苗应严格无菌操作。

（8）疫苗稀释过程中一般应分级进行，对疫苗瓶应用稀释液冲洗2～3次。稀释好的疫苗应尽快用完，尚未使用的也应放在冰箱中冷藏。

（9）免疫接种前要了解当地鸡群的健康状况。在传染病流行期间，除了有些病可紧急接种疫苗外，一般不能免疫接种。

（10）做好预防接种记录，内容包括接种日期，鸡的品种、日龄、数量，接种名称，生产厂家，批号，生产日期和有效期，稀释剂和稀释倍数，接种方法，操作人员，免疫反应等。

第四节　用于预防放养鸡疫病的中草药

1. 艾叶

艾叶含有丰富的蛋白质、多种维生素、氨基酸和抗生素物质。一般鸡饲粮中添加2％～25％的艾叶粉。

2. 苍术粉

在鸡饲粮中添加2％～5％苍术粉可以防治鸡传染性支气管炎、鸡痘、传染性鼻炎等疾病。

3. 黄芪

黄芪富含糖类、胆碱和多种氨基酸，还含有微量元素硒。能助阳气壮筋骨，长肉补血，抑菌消炎，对痢疾、炭疽、白喉等杆菌和葡萄球菌、链球菌、肺炎双球菌均有抗菌能力。雏鸡日粮中可添加0.2克黄芪粉。

4. 大蒜

大蒜含有大蒜素，既有抗菌作用，又有驱虫功效。一般加入0.2％～1％大蒜粉于鸡饲粮中。

5. 青蒿

青蒿富含维生素A、青蒿素、苦味素等，可抗原虫和真菌。在鸡饲粮中添加5％青蒿粉，可有效防治球虫病，提高雏鸡成活率。

6. 松针粉

含多种氨基酸和丰富的维生素A、维生素B、维生素C、维生素D、维生素E，尤其以维生素C、B族及胡萝卜素含量最高，还含有多种微量元素和植物杀菌素。一般鸡饲粮中可添加 5％的松叶粉。

7. 刺五加

在每千克鸡饲料中添加 0.15 克五加皮粉,产蛋率可提高 5％,肉鸡增重 10％,并能防治鸡产蛋疲劳症和病毒性关节炎等疾病。

8. 桉叶

在鸡饲料中加入 2％～3％桉叶粉,可预防鸡喉支气管类、硬嗉囊、嗉囊下垂等疾病,还可增强鸡体抵抗力。

9. 陈皮

在鸡饲粮中加入 3％～5％陈皮粉,可增进鸡的食欲,促进生长和提高抗病力。

10. 甘草

在鸡饲料中添加 3％的甘草粉,对防治咽炎、支气管炎、山鸡白痢、佝偻病等有良好效果。

11. 蒲公英

在鸡饲料中添加 2％～3％的蒲公英干粉能健胃,增加食欲,促进鸡生长,产蛋率也可提高 12％。

第五节　鸡病的诊断

病鸡的检查主要包括全群状态观察和个体检查。通过检查,进行综合分析,仅能做出初步判断,要想确诊还需进一步做病理剖检和实验室诊断,再根据临床症状、特殊病变和病原,做出最后诊断。

一、群体检查

1. 一般状态观察

注意观察鸡对外界刺激的反应,饮食状况,活动情况等。健康鸡反应敏捷,活泼好动,均匀散布,不时觅食或啄羽,食欲旺盛,给食时拥向食槽,争先抢食。病鸡精神不振,反应迟钝,呆立不动或伏卧地上,发病只数多时,则常积聚在一起或挤在某一角落,食欲减退,对饲料无兴趣或拒食,或只吃几口便停食。

2. 鸡冠、肉髯状态观察

健康公鸡的冠较母鸡冠大而厚,冠直立,颜色鲜红、肥润、软柔、有光泽,肉髯左右大小相称、鲜红。病鸡的冠、髯常呈苍白、蓝紫或发黄变冷,发生鸡痘时,冠上有许多结痂或水疱、脓疱等。

3. 羽毛状态观察

健康鸡的羽毛整洁,排列匀称,富有光泽。刚出壳的雏鸡,被毛为细密的绒毛,颜色稍黄。病鸡羽毛蓬乱、污秽、无光泽,提前或推迟换羽,有的还有脱毛现象。病雏延迟生毛,绒毛呈结节状或卷缩。

4. 肛门及粪便状态观察

健康鸡的肛门及其周围的羽毛清洁,排出的粪便不软不硬,多呈圆柱形,粪色多为棕绿色(但常与饲料有关),粪的表面一侧附有少量白色沉淀物。病鸡肛门松弛,腹泻时肛门周围羽毛潮湿,被粪汁污染。粪中黏液增多,或带有血液。雏鸡白痢常见粪便将肛门阻塞不通,虽有频频排粪姿势,但不见粪便排出,病雏发出"吱吱"

的叫声;高产母鸡可发生肛门外翻。

5. 姿势与体态观察

健康鸡站立平稳,或以一脚站立休息,运步轻快,两翅协调、敏捷,收缩完全关节和趾腿伸屈自如,落地有力,躯体结构匀称。病鸡站立不动或站立不稳,甚至卧地;或两翅收缩无力,不能紧贴肋骨,呈翅膀下垂支地,羽毛松乱、运动时两翅勉强缓慢移动,关节伸屈无力,或关节肿大、麻痹、变形等。

6. 呼吸状态观察

健康鸡呼吸时没有声音,也无其他特殊表现。病鸡呼吸较快、咳嗽、张口伸颈,或发出各种呼吸音。鸡支原体病时,发出"呼呼"声。鸡白喉和鸡新城疫时,发出"咯咯"声等。

二、个体检查

全群观察后,挑出有异常变化的典型病鸡,做个体检查。

1. 体温检查

鸡测温须用高刻度的小型体温计,从泄殖腔或翅膀下测温。如通过泄殖腔测温,将体温计消毒涂油润滑后,从肛门插入直肠(右侧)2～3厘米经1～2分钟取出,注意不要损伤输卵管。鸡的正常体温为39.6～43.6 ℃,体温升高,见于急性传染病、中暑等;体温降低,见于慢性消耗性疾病、贫血、下痢等。如果有条件也可购买禽用红外体温计,距鸡5厘米就可以测温。

2. 头部检查

(1)喙检查:注意检查喙的硬度、颜色,上、下喙是否吻合或变形等。

(2)鼻孔和鼻腔检查:鼻有分泌物,是鼻道疾病最显著的特征之一,检查时应注意分泌物的量和性状。

(3)眼睛检查:注意观察结膜的色泽,有无出血点和水肿,角膜的完整性和透明度。

(4)口腔检查:将鸡上下喙拨开或拉开,并用手指顶压喉部,则可观察到口腔黏膜、舌、咽喉等。注意观察口腔内有无假膜、炎症、充血、出血、水肿或黏稠分泌物等。

3. 嗉囊检查

常用视诊和触诊检查嗉囊,并可一手握持鸡腿,使鸡头部向下,另一手由嗉囊基都轻捏,压出部分内容物。注意嗉囊的大小、硬度及内容物的气味、性状。

4. 胸部检查

触摸胸骨两侧肌肉,了解鸡的营养状况(胸肌厚薄)。同时注意胸骨、肋骨有无变形,是否有痛,有无囊肿、皮下水肿、气肿等,当胸骨两侧肌肉消瘦,胸骨凸出,多见于马立克病、淋巴白血病等慢性传染病、当饲料中长期缺钙或维生素 D 时,鸡胸骨变薄,变成弯曲状态。

5. 腹部检查

用视诊和触诊方法检查腹部,注意腹部的大小、腹壁的柔韧性。在左侧后下部还可触到部分夹在左、右肝叶之间的肌胃,触摸产蛋鸡的肌胃时,注意不应与蛋相混淆,肌胃较扁平,呈椭圆形或圆形,两侧突起,而蛋呈椭圆形,一头钝圆,另一头较尖圆,位于腹腔上侧近泄殖腔外。触诊肠环,可触摸到硬的粪块,盲肠呈棍棒状,提示为球虫病或盲肠肝炎等。

6. 泄殖腔检查

可用拇指和食指翻开泄殖腔,观察其黏膜的色泽、完整性及其状态。若怀疑有囊肿等,可先用凡士林涂擦食指,然后小心伸入泄殖腔内触摸鉴别。

7. 腿和关节检查

注意检查腿的完整性、韧带关节的连接状态和骨骼的形状。鸡神经性马立克病常见腿麻痹,呈"大劈叉"姿势。

三、剖检病鸡

鸡的病理剖检在禽病诊治中具有重要的指导意义,这一点已为广大禽病技术服务人员所重视。因此如对鸡场中出现的病、残或死鸡尽快进行尸体剖检,以便及时发现鸡群中存在的潜在问题,防止疾病的暴发和蔓延。

1. 病理剖检的准备

(1)剖检地点的选择:应在远离生产区的下风处,尽量远离生产区,避免病原的传播。

(2)剖检器械的准备:对于鸡剖检,一般有剪刀和镊子即可工作。另外可根据需要准备骨剪、肠剪、手术刀、搪瓷盆、标本缸、广口瓶、消毒注射器、针头、培养皿等,以便收集各种组织标本。

(3)剖检防护用具的准备:工作服、胶靴、一次性医用手套或橡胶手套、脸盆或塑料小水桶、消毒剂、肥皂、毛巾等。

(4)尸体处理设施的准备:对剖检后的尸体应进行焚烧或深埋。

2. 病理剖检的注意事项

(1)在进行病理剖检时,如果怀疑待检的鸡已感染的疾病可能对人有接触传染时(如鸟疫、丹毒、禽流感等),必须采取严格的卫生预防措施。剖检人员在剖检前换上工作服、胶靴、配戴优质的橡胶手套、帽子、口罩等,在条件许可的情况下最好戴上面具,以防吸入病禽的组织或粪便形成的尘埃等。

（2）在进行剖检时应注意所剖检的病（死）鸡应在鸡群中具有代表性。如果病鸡已死亡则应立即剖检（一般应在死后 24 小时内剖检，夏天在死后 8 小时内剖检），应尽可能对所有死亡鸡进行剖检。

（3）剖检前应当用消毒药液将病鸡的尸体和剖检的台面完全浸湿。

（4）剖检过程应遵循从无菌到有菌的程序，对未经仔细检查且粘连的组织，不可随意切断，更不可将腹腔内的管状器官（如肠道）切断，造成其他器官的污染，给病原分离带来困难。

（5）剖检人员应认真地检查病变，切忌草率行事。如需进一步检查病原和病理变化，应取病料送检。

（6）在剖检中，如剖检人员不慎割破自己的皮肤，应立即停止工作，先用清水洗净，挤出污血，涂上药物，用纱布包扎或贴上创可贴；如剖检的液体溅入眼中时，应先用清水洗净，再用 20% 的硼酸冲洗。

（7）剖检后，所用的工作服、剖检的用具要清洗干净，消毒后保存。剖检人员应用肥皂或洗衣粉洗手，洗脸，并用 75% 的酒精消毒手部，再用清水洗净。

3. 病理剖检的程序

病理剖检一般遵循由外向内，先无菌后污染，先健部后患部的原则，按顺序，分器官逐步完成。

（1）活鸡应首先放血处死，死鸡能放出血的尽量放血，检查并记录患鸡外表情况，如皮肤、羽毛、口腔、眼睛、鼻孔、泄殖腔等有无异常。

（2）用消毒液将禽尸羽毛沾湿或浸湿，避免羽毛、尘屑飞扬，然后将鸡尸放在解剖盘中或塑料布上。

（3）用刀或剪把腹壁和两侧大腿间的疏松皮肤纵向切开，剪断连接处的肌膜，两手将两股骨向外压，使股关节脱臼，卧位平稳。

（4）将龙骨末端后方皮肤横行切断，提起皮肤向前方剥离并翻置于头颈部，使整个胸部至颈部皮下组织和肌肉充分暴露，观察皮下、胸肌、腿肌等处有无病变，有无出血、水肿，脂肪是否发黄，以及血管有无淤血或出血等。

（5）皮下及肌肉检查完之后，在胸骨末端与肛门之间作一切线，切开腹壁，再顺胸骨的两边剪开体腔，以剪刀就肋骨的中点，由后向前将肋骨、胸肌、锁骨全部剪断，然后将胸部翻向头部，使体腔器官完全暴露。然后观察各脏器的位置、颜色、有无畸形，浆膜的情况如有无渗出物和粘连，体腔有无积水、渗出物或出血。接着剪断腺胃前的食管，拉出胃肠道、肝和脾，剪断与体腔的联系，即可摘出肝、脾、生殖器官、心、肺和肾等进行观察。若要采取病料进行微生物学检查，一定要用无菌方法打开体腔，并用无菌法采取需要的病料（肠道病料的采集应放到最后）后再分别进行各脏器的检查。

（6）将鸡尸的位置倒转，使头朝向剖检者，剪开嘴的上下连合，伸进口腔和咽喉，直至食管和食道膨大部，检查整个上部消化道，以后再从喉头剪开整个气管和两侧支气管。观察后鼻孔、腭裂及喉口有无分泌物堵塞；口腔内有无伪膜或结节；再检查咽、食道和喉、气管黏膜的颜色，有无充血、出血、黏液和渗出物。

（7）根据需要，还可对鸡的神经器官如脑、关节囊等进行剖检。脑的剖检可先切开头顶部皮肤，从两眼内角之间横行剪断颅骨，再从两侧剪开顶骨、枕骨，掀除脑盖，暴露大、小脑，检查脑膜以及脑髓的情况。

4. 病理材料的采集

（1）病理材料的采集：送检整个新鲜病死鸡或病重的鸡，要求送检材料具有代表性，并有一定的数量；送检为病理组织学检验时,应及时采集病料并固定,以免腐败和自溶而影响诊断;送检毒物学检查的材料,要求盛放材料的容器要清洁,无化学杂质,不能放入防腐消毒剂。送检的材料应包括肝脏、胃、肠内容物,怀疑中毒的饲料样品,也可送检整个鸡的尸体;送检细菌学、病毒学检查的材料,最好送检具有代表性的整个新鲜病死鸡或病重鸡到有条件的单位由专业技术人员进行病料的采集。

(2)病理材料的送检:将整个鸡的尸体放入塑料袋中送检;固定好的病理材料可放入广口瓶中送检;毒物学检验材料应由专人保管、送检,并同时提供剖检材料,提出可疑毒物等情况;送检材料要有详细的说明,包括送检单位、地址、鸡的品种、性别、日龄、病料的种类、数量、保存及固定的方法、死亡日期、送检日期、检验目的、送检人的姓名。并附临床病例的情况说明(发病时间、临床症状、死亡情况、产蛋情况、免疫及用药情况等)。

第六节　常见疾病的治疗与预防

一、禽流感

禽流感又称欧洲鸡瘟或真性鸡瘟(应注意与新城疫病毒引起的亚洲鸡瘟相区别),是由 A 型流感病毒引起的一种急性、高度接触性和致病性传染病。该病毒不仅血清型多,而且自然界中带毒动物多、毒株易变异,为禽流感病的防治增加了难度。

家禽发生高致病性禽流感具有疫病传播快、发病致死率高、生产危害大的特点。近几年来,全世界多次流行较大规模的高致病性禽流感,不仅对家禽业构成了极大威胁,而且属于 A 型流感病毒的某些强致病毒株,也可能引起人的流感,因此这一疾病引起了国内外的高度重视。

1. 发病特点

(1)病毒主要通过粪便传播,但其他多种途径也可传播,如消化道、呼吸道、眼结膜及皮肤损伤等途径传播,呼吸道、消化道是感染的最主要途经。人工感染通常包括鼻内、气管、结膜、皮下、肌肉、静脉内、口腔、气囊、腹腔、泄殖腔及气溶胶等。

(2)任何季节和任何日龄的鸡群都可发生。各种年龄、品种和性别的鸡群均可感染发病,以产蛋鸡易发。一年四季均可发生,但多暴发于冬季、春季,尤其是秋冬和冬春交界气候变化大的时间,大风对此病传播有促进作用。

(3)发病率和死亡率受多种因素影响,既与鸡的种类及易感性有关,又与毒株的毒力有关,还与年龄、性别、环境因素、饲养条件及并发病有关。

(4)疫苗效果不确定。疫苗毒株血清型多,与野毒株不一致,免疫抑制病的普遍存在,免疫应答差,并发感染严重及疫苗的质量问题等使疫苗效果不确定。

(5)临床症状复杂。混合感染、并发感染导致病重、诊断困难、影响愈后。

2. 临床症状

鸡发生禽流感的发病率和死亡率与感染毒株的毒力有关,同时还与鸡的日龄、性别、环境因素、饲养状况及疾病并发情况有关。流感病毒可经实验分型为非致病性、低致病性和高致病性毒株,受感染鸡的临床表现很不一致。具有 H5 或 H7 亚型的禽流感病毒感染,往往伴有较高的死亡率。雏鸡和育成鸡感染多表现为慢性呼吸道病、腹泻、消瘦、伴有少量死亡。高产蛋鸡最易感,表现精神沉郁,吃食减少,蛋壳质量下降,软蛋、薄皮蛋增多,产蛋量明显下降。呼吸道症状可见有咳嗽、打喷嚏、尖叫、啰音，甚至呼吸困难。病鸡伏卧不起，羽毛松乱，头和颜面部水肿，冠和肉垂发绀，有的严重腹泻，排绿色水样粪便，消瘦，并有较高的死亡率。

3. 病理变化

蛋鸡发生高致病性禽流感，其病理剖检可见气管黏膜充血、水肿、气管中有多量浆液性或干酪样渗出物。气囊壁增厚，混浊，有时见有纤维素性或干酪样渗出物。消化道表现为嗉囊中积有大量液体，腺胃壁水肿、乳头肿胀、出血、肠道黏膜为卡他性出血性炎症。卵泡变形坏死、萎缩或破裂，形成卵黄性腹膜炎，输卵管黏膜发炎，输卵管内见有大量黏稠状脓样渗出物。其他脏器，如肝、脾、肾、心、肺多呈淤血状态，或有坏死灶形成。

4. 诊断

典型的病史、症状、病变可怀疑本病，但确诊须通过病毒分离鉴定和血清学检查。

5. 治疗

（1）鸡发生高致病性禽流感应坚决执行封锁、隔离、消毒、扑杀等措施。

（2）如发生中低致病力禽流感时每天可用过氧乙酸、次氯酸钠等消毒剂 1～2 次带鸡消毒并使用药物进行治疗，如每 100 千克饲料拌病毒唑 10～20 克，或每 100 千克水兑 8～10 克连续用药 4～5 天；或用金刚烷胺按每千克体重 10～25 毫克饮水 4～5 天（产蛋鸡不宜用）或清温败毒散 0.5%～0.8%拌料，连用 5～7 天。为控制继发感染，用 50～100 毫克/千克的恩诺沙星饮水 4～5 天；或强效阿莫西林 8～10 克/100 千克水连用 4～5 天，或强力霉素 8～10 克/100 千克水连用 5～6 天。另外每 100 千克水中加入维生素 C 50 克、维生素 E 15 克、糖 5000 克（特别对采食量过少的鸡群）连饮 5～7 天有利于疾病痊愈。产蛋鸡痊愈后使用增蛋高乐高、增蛋001 等药物 4～5 周,促进输卵管的愈合,增强产蛋功能,促使产蛋上升。

(3)注意事项:是鸡新城疫还是禽流感不能立即诊断或诊断不准确时,切忌用鸡新城疫疫苗紧急接种。疑似鸡新城疫和禽流感并发时,用病毒唑 50 克＋500 千克水连续饮用 3～4 天,并在水中加多溶速补液和抗菌药物,然后依据具体情况进行鸡新城疫疫苗紧急接种;如果环境温度过低时保持适宜的温度有利于疾病痊愈;病重时会出现或轻或重的肾脏肿大、红肿,可以使用治疗肾肿的中草药如肾迪康、肾爽等 3～5 天;蛋鸡群病愈后注意观察淘汰低产鸡,减少饲料消耗。

6．预防

发生本病时要严格执行封锁、隔离、消毒、焚烧发病鸡群和尸体等综合防治措施。

(1)加强对禽流感流行的综合控制措施:不从疫区或疫病流行情况不明的地区引种。控制外来人员和车辆进入养鸡场,确需进入则必须消毒;不混养家畜、家禽;保持饮水卫生;粪尿污物无害化处理(家禽粪便和垫料堆积发酵或焚烧,堆积发酵不少于 20 天);做好全面消毒工作。流行季节每天可用过氧乙酸、次氯酸钠等开展 1～2 次带鸡消毒和环境消毒,平时每 2～3 天带鸡消毒 1 次;病死禽要进行无害化处理,不能在市场流通。

(2)增强机体的抵抗力:尽可能减少鸡的应激反应,在饮水或饲料中增加维生素 C 和维生素 E,提高鸡抗应激能力。饲料应新鲜、全价。提供适宜的温度、湿度、密度、光照;加强鸡舍通风换气,保持舍内空气新鲜;勤清粪便和打扫鸡舍及环境,保持生产环境清洁;做好大肠杆菌、新城疫、霉形体等病的预防工作。

(3)免疫接种:某一地区流行的禽流感只有一个血清型,接种单价疫苗是可行的，这样可有利于准确监控疫情。当发生区域不明确血清型时，可采用多价疫苗免疫。疫苗免疫后的保护期一般可达6个月，但为了保持可靠的免疫效果，通常每3个月应加强免疫一次。免疫程序为首免5～15日龄，每只0.3毫升，颈部皮下注射；二免50～60日龄，每只0.5毫升；三免开产前进行，每只0.5毫升；产蛋中期（40～45周龄）可进行四免。

二、新城疫

鸡新城疫又称亚洲鸡瘟，是由鸡新城疫病毒感染引起的急性高度接触性的烈性传染病。无论成鸡还是雏鸡，一年四季均可发生，但春、秋两季发病率高并易流行。

1. 发病特点

本病不分品种、年龄和性别，均可发生。主要传染源是病鸡和带毒鸡的粪便及口腔黏液，被病毒污染的饲料、饮水和尘土经消化道、呼吸道或结膜传染易感鸡是主要的传播方式。空气和饮水传播，人、器械、车辆、饲料、垫料（稻壳等）、种蛋、幼雏、昆虫、鼠类的机械携带，以及带毒的鸽、麻雀的传播对本病都具有重要的流行病学意义。

本病一年四季均可发生，以冬春寒冷季节较易流行。不同年龄、品种和性别的鸡均能感染，但幼雏的发病率和死亡率明显高于大龄鸡。

2. 临床症状

自然感染的潜伏期一般为3～5天。根据毒株毒力的不同和病程的长短，可分为最急性、急性和亚急性或慢性3种。

（1）最急性型：往往不见临床症状，突然倒地死亡。常常是头一天鸡群活动采食正常，第二天早晨在鸡舍发现死鸡。如不及时救治,1周后将会大批死亡。

(2)急性和亚急性型:潜伏期较长,病鸡发高烧,呼吸困难,精神萎靡打蔫,冠和肉垂呈紫黑色,鼻、咽、喉头积聚大量酸臭黏液,并顺口流出,有时为了排出气管黏液常作摆头动作,发生特征性的"咕噜声",或咳嗽、打喷嚏,拉黄色或绿色或灰白色恶臭稀便,2～5天死亡。

(3)慢性型:病初症状同急性相似,后来出现神经症状,动作失调,头向后仰或向一侧扭曲、转圈,步履不稳、翅膀麻痹,10～20天逐渐消瘦而死亡。

3.病理变化

急性以腺胃乳头有出血点或溃疡和坏死为主要特征。一般全身黏膜充血和出血,呼吸道和消化道充血出血,肌胃角质层下常见出血、胸腺肿大呈灰红色有出血点。鼻腔、喉头和气管内积有大量污秽黏稠液,喉头、充血出血,有的带有假膜。

4.诊断

临床上病鸡呼吸困难、下痢、翅腿麻痹等神经症状。根据上述特征以及一般流行病学仅鸡发病,鸭、鹅一般不发病,具有高发病率和病死率可做出诊断。确诊时需进行病毒分离和鉴定、血凝抑制试验等。

5.治疗

鸡群一旦发生本病,首先将可疑病鸡检出焚烧或深埋,被污染的羽毛、垫草、粪便、病变内脏亦应深埋或烧毁。封锁鸡场,禁止转场或出售,立即彻底消毒环境,并给鸡群进行Ⅰ系苗加倍剂量的紧急接种;鸡场内如有雏鸡,则应严格隔离,避免Ⅰ系苗感染雏鸡。

根据近几年的经验总结,推荐以下紧急接种措施。

(1)新威灵2倍量＋新城疫核酸A液＋生理盐水0.15毫升/只

混合后胸肌注射,待 24 小时后饮用新城疫核酸 B 液:新威灵为嗜肠道型毒株,接种后呼吸道症状反应轻微,并可在接种 3～4 天后使抗体效价得到迅速的提升。新城疫核酸可快速消除新城疫症状。但 A 液通过饮水途径或不和疫苗联合使用时效果很差。

（2）Lasota 点眼:在胸肌接种的同时,用 Lasota 点眼,使免疫更确实。

（3）连续饮用赐能素或富特 5 天:可快速诱导机体产生抗体,提高抗体效价。

（4）坚持带鸡喷雾消毒:疫苗接种 3 天后,每天用好易洁消毒液进行带鸡喷雾消毒。

（5）做好封锁隔离:要做好发病鸡舍的隔离工作,禁止发病鸡舍人员窜动,对周边鸡舍采取新城疫加强免疫接种措施,并连续饮用富特口服液。在疫病流行过后观察 1 个月再无新病例出现,且进行最后一次彻底消毒后才解除封锁。

6．预防

（1）根据当地疫情流行特点,制定适宜免疫程序,按期进行免疫接种,即 7～10 日龄采用鸡新城疫Ⅱ系(或 F 系)疫苗滴鼻、点眼进行首免;25～30 日龄采用鸡新城疫Ⅳ系苗饮水进行二免;25～30 日龄采用鸡新城疫Ⅳ系苗饮水进行二免;70～75 日龄采用鸡新城疫Ⅰ系疫苗肌内注射进行三免;135～140 日龄再次用鸡新城疫Ⅰ系疫苗肌内注射接种免疫。

（2）搞好鸡舍环境卫生,地面、用具等定期消毒,减少传染媒介,切断传染途径。

（3）不在市场买进新鸡,防止带进病毒。并建立鸡出场(舍)就不再返回的制度。

（4）一旦发生鸡瘟,病鸡要坚决隔离淘汰,死鸡深埋。对全群没有临床症状的鸡,马上做预防接种。通常在接种 1 周后,疫情就能得到控制,新病例就会减少或停止。

三、禽霍乱

禽霍乱是一种侵害家禽和野禽的接触性疾病,又名禽巴氏杆菌病、禽出血性败血症。该病常呈现败血性症状,发病率和死亡率都很高,但也常出现慢性或良性经过。

1. 发病特点

各种家禽和多种野鸟等都可感染本病,育成鸡和成年产蛋鸡多发,高产鸡易发。病鸡、康复鸡或健康带菌鸡是本病复发或新鸡群爆发本病的传染源。病禽的排泄物和分泌物中含有大量细菌污染饲料、饮水、用具和场地,一般通过消化道和呼吸道传染,也可通过吸血昆虫和损伤皮肤、黏膜等感染。本病的发生一般无明显的季节性,但以冷热交替、气候剧变、闷热、潮湿、多雨时期发生较多,常呈地方流行。鸡群的饲养管理,通风不良等因素,促进本病的发生和流行。

2. 临床症状

一般情况下,感染该病后约2~5天才发病。

(1)最急型:无明显症状,突然死亡,高产营养良好的鸡容易发生。

(2)急性型:鸡精神和食欲不佳,鸡冠肉垂暗紫红色,饮水增多,剧烈腹泻,排绿黄色稀粪。嘴流黏液,呼吸困难,羽毛松乱,缩颈闭眼,最后食欲废绝,衰竭而死。病程1~3日,死亡率很高。

(3)慢性型:多在流行后期出现,常见肉垂,关节趾爪肿胀。

3. 病理变化

(1)最急型常见本病流行初期,剖检几乎见不到明显的病变,仅冠和肉垂发绀,心外膜和腹部脂肪浆膜有针尖大出血点,肺有充血水肿变化。肝肿大表面有散在小的灰白色坏死点。

(2)急性型剖检时尸体营养良好,冠和肉垂呈紫红色,嗉囊充满食物。皮下轻度水肿,有点状出血,浆液渗出。心包腔积液,有纤维素心包炎,心外膜出血,尤以心冠和纵沟处的外膜出血,肠浆膜、腹膜、泄殖腔浆膜有点状出血。肺充血水肿有出血性纤维素性肺炎变化。脾一般不肿大或轻度肿大、柔软。肝肿大,质脆,表面有针尖大的灰白色或灰黄色的坏死点,有时见有点状出血。胃肠道以十二指肠变化最明显,为急性、卡他性或出血性肠炎,黏膜肿胀黯红色,有散在或弥漫性出血点或出血斑。肌胃与腺胃交界处有出血斑。产蛋鸡卵泡充血、出血。

(3)慢性型肉垂肿胀坏死,切开时内有凝固的干酪样纤维素块,组织发生坏死干枯。病变部位的皮肤形成黑褐色的痂,甚至继发坏疽。肺可见慢性坏死性肺炎。

4. 诊断

本病根据流行特点、典型症状和病变,一般可以确诊,必要时可进行实验室检查。

5. 治疗

(1)在饲料中加入 0.5%～1%的磺胺二甲基嘧啶粉剂,连用 3～4 天,停药 2 天,再服用 3～4 天;也可以在每 1000 毫升饮水中,加 1 克药,溶解后连续饮用 3～4 天。

(2)在饲料中加入 0.1%的土霉素,连续服用 7 天。

(3)在饲料中加入 0.1%的氯霉素,连用 5 天,接着改用喹乙醇,按 0.04%浓度拌料,连用 3 天。使用喹乙醇时,要严格控制剂量和疗程,拌料要均匀。

(4)对病情严重的鸡可肌内注射青霉素或氯霉素。青霉素,每千克体重 4 万～8 万单位,早晚各 1 次;氯霉素,每千克体重 20

毫克。

6. 预防

(1)切实做好卫生消毒工作,防止病原菌接触到健康鸡。做好饲养管理,使鸡只保持有较强的抵抗力。

(2)在鸡霍乱流行严重地区或经常发生的地区,可以进行预防接种。目前使用的主要是禽霍乱菌苗。2 月龄以上的鸡,每只肌内注射 2 毫升,注射后 14～21 天可产生免疫力。这种疫苗免疫期仅 3 个月左右。若在第一次注射后 8～10 天再注射 1 次,免疫力可以提高且延长。但这种疫苗的免疫效果并不十分理想。

(3)在疫区,鸡只患病后,可以采用喹乙醇进行治疗。按每千克体重 20～30 毫克口服,每日 1 次,连续服用 3～5 天;或拌在饲料内投喂,1 天 1 次,连用 3 天,效果较好。

(4)肌内注射水剂青霉素或链霉素,每只鸡每次注射 2 万～5 万国际单位,每天 2 次,连用 2～3 天,进行治疗。或在大群鸡患病时,采用青霉素饮水,每只鸡每天 5000～10 000 国际单位,饮用 1～3 天为宜。

(5)利用磺胺二甲基嘧啶、磺胺嘧啶等,以 0.5％的比例拌在饲料中进行饲喂。但此法会影响蛋鸡产蛋量。

(6)病死的鸡要深埋或焚烧处理。

四、鸡白痢

鸡白痢是由鸡白痢沙门菌引起的传染性疾病,世界各地均有发生,是危害养鸡业最严重的疾病之一。

1. 发病特点

经卵传染是雏鸡感染鸡白痢沙门菌的主要途径。病鸡的排泄物是传播本病的媒介,饲养管理条件差,如雏群拥挤,环境不卫生,育雏室温度太高或者太低，通风不良，饲料缺乏或质量不良，较差的运输条件或者同时有其他疫病存在，都是诱发本病和增加死亡率的因素。

2. 临床症状

本病在雏鸡和成年鸡中所表现的症状和经过有显著的差异。

（1）雏鸡：潜伏期 4～5 天，故出壳后感染的雏鸡，多在孵出后几天才出现明显症状。7～10 天后雏鸡群内病雏逐渐增多，在第二、第三周达高峰。发病雏鸡呈最急性者，无症状迅速死亡。稍缓者表现精神委顿，绒毛松乱，两翼下垂，缩头颈，闭眼昏睡，不愿走动，拥挤在一起。病初食欲减少，而后停食，多数出现软嗉症状。同时腹泻，排稀薄如浆糊状粪便，肛门周围绒毛被粪便污染，有的因粪便干结封住肛门周围，影响排粪。由于肛门周围炎症引起疼痛，故常发生尖锐的叫声，最后因呼吸困难及心力衰竭而死。有的病雏出现眼盲，或肢关节呈跛行症状。病程短的 1 天，一般为 4～7 天，20 天以上的雏鸡病程较长。3 周龄以上发病的极少死亡。耐过鸡生长发育不良，成为慢性患者或带菌者。

（2）育成鸡：该病多发生于 40～80 天的鸡，地面平养的鸡群发生此病较网上和育雏笼育雏育成发生的要多。另外育成鸡发病多有应激因素的影响，如鸡群密度过大，环境卫生条件恶劣，饲养管理粗放，气候突变，饲料突然改变或品质低下等。本病发生突然，全群鸡只食欲、精神尚可，总见鸡群中不断出现精神、食欲差和下痢的鸡只，常突然死亡。死亡不见高峰而是每天都有鸡只死亡，数量不一。该病病程较长，可拖延 20～30 天，死亡率可达10％～20％。

（3）成年鸡：成年鸡白痢多呈慢性经过或隐性感染。一般不见明显的临床症状，当鸡群感染比较大时，可明显影响产蛋量，产蛋高峰不高，维持时间亦短，死淘率增高。有的鸡表现鸡冠萎缩，有的鸡开产时鸡冠发育尚好,以后则表现出鸡冠逐渐变小,发绀,病鸡有时下痢。仔细观察鸡群可发现有的鸡寡产或根本不产蛋。极少数病鸡表现精神委顿,头翅下垂,腹泻,排白色稀粪,产蛋停止。有的感染鸡因卵黄囊炎引起腹膜炎,腹膜增生而呈"垂腹"现象,有时成年鸡可呈急性发病。

3. 病理变化

在育雏器内早期死亡的雏鸡无明显病理变化,仅见肝肿大、充血、有条纹状出血,其他脏器充血,卵黄囊变化不大,病程稍长卵黄吸收不良,内容物如油脂状或干酪样,在心肌、肺、肝,盲肠、大肠及肌胃内有坏死灶或结节。有些病例有心外膜炎,肝有点状出血或坏死点,胆囊胀大、脾肿大、肾充血或贫血,输尿管中充满尿酸盐而扩张,盲肠中有干酪样物质堵塞肠腔,有时还混有血液。

4. 诊断

鸡白痢的诊断主要依据本病在不同年龄鸡群中发生的特点以及病死鸡的主要病理变化,不难做出确切诊断。但只有在鸡白痢沙门菌分离和鉴定之后,才能做出对鸡白痢的确切诊断。

5. 治疗

(1)土霉素、金霉素或四环素按 0.1%～0.2%的比例拌在饲料里,连喂 7 天为 1 个疗程。

(2)青霉素、链霉素按每只鸡 5000～10 000 国际单位做饮水或气雾治疗,一般 5～7 天为 1 个疗程,初生雏鸡药量减半。

6. 预防

(1)通过对种鸡群检疫,定期严格淘汰带菌种鸡,建立无鸡白痢种鸡群是消除此病的根本措施。

(2)搞好种蛋消毒,做好孵化厅、育雏舍的卫生消毒。

(3)育雏鸡时要保证舍内恒温做好通风换气,鸡群密度适宜,喂给全价饲料，及时发现病雏鸡，隔离治疗或淘汰，杜绝鸡群内的传染等。

（4）目前雏育鸡阶段，都在1日龄开始投予一定数量的生物防治制剂，如促菌生、调痢生、乳康生等，对鸡白痢效果常优于一般抗菌药物，对雏鸡安全，成本低。此外也可用抗生素药类，如诺氟沙星或吡哌酸0.03％拌料或饮水。

五、传染性法氏囊病

鸡传染性法氏囊病又称鸡传染性腔上囊病，是由传染性法氏囊病毒引起的一种急性、接触传染性疾病。发病率高，几乎达100％，死亡率低，一般为5％～15％，是目前养禽业最重要的疾病之一。

1. 发病特点

自然条件下，本病只感染鸡，所有品种的鸡均可感染。本病仅发生于2周至开产前的鸡，3～7周龄为发病高峰期。病毒主要随病鸡粪便排出，污染饲料、饮水和环境，使同群鸡经消化道、呼吸道和眼结膜等感染；各种用具、人员及昆虫也可以携带病毒，扩散传播；本病还可经蛋传递。

2. 临床症状

雏鸡群突然大批发病，2～3天内可波及60％～70％的鸡，发病后3～4天死亡达到高峰，7～8天后死亡停止。病初精神沉郁，采食量减少，饮水增多，有些自啄肛门，排白色水样稀粪，重者脱水，卧地不起，极度虚弱，最后死亡。耐过雏鸡贫血消瘦，生长缓慢。

3. 病理变化

剖检可见法氏囊发生特征性病变，法氏囊呈黄色胶冻样水肿、质硬、黏膜上覆盖有奶油色纤维素性渗出物。有时法氏囊黏膜严重发炎，出血，坏死，萎缩。另外，病死鸡表现脱水，腿和胸部肌肉常有出血，颜色暗红。肾肿胀，肾小管和输尿管充满白色尿酸盐。脾脏及腺胃和肌胃交界处黏膜出血。

4. 诊断

根据流行病学，临床症状、病理变化的特点，现场都可以做正确的诊断。但要注意本病与球虫病、新城疫等区别。

5. 治疗

(1)鸡传染性法氏囊病高免血清注射液，3～7 周龄鸡，每只肌注 0.4 毫升；成鸡注射 0.6 毫升，注射 1 次即可，疗效显著。

(2)鸡传染性法氏囊病高免蛋黄注射液，每千克体重 1 毫升肌内注射，有较好的治疗作用。

(3)复方炔酮，0.5 千克鸡每天 1 片，1 千克的鸡每天 2 片，口服，连用 2～3 天。

(4)丙酸睾丸酮，3～7 周龄的鸡每只肌注 5 毫克，只注射 1 次。

(5)速效管囊散，每千克体重 0.25 克，混于饲料中或直接口服，服药后 8 小时即可见效，连喂 3 天。治愈率较高。

(6)盐酸吗啉胍(每片 0.1 克)8 片，拌料 1 千克，板蓝根冲剂 15 克，溶于饮水中，供半日饮用。

6. 预防

(1)采用全进全出饲养体制，全价饲料。鸡舍换气良好，温度、湿度适宜，消除各种应激条件，提高鸡体免疫应答能力。对 60 日龄内的雏鸡最好实行隔离封闭饲养，杜绝传染来源。

(2)严格卫生管理，加强消毒净化措施。

(3)预防接种是预防鸡传染性法氏囊病的一种有效措施。目前我国批准生产的疫苗有弱毒苗和灭活苗。现介绍两种免疫程序供参考：无母源抗体或低母源抗体的雏鸡，出生后用弱毒疫苗或用1/2～1/3中等毒力疫苗进行免疫，滴鼻、点眼两滴（约0.05毫升）；肌内注射0.2毫升；饮水按需要量稀释，2～3周时，用中等毒力疫苗加强免疫。有母源抗体的雏鸡，14～21日龄用弱毒疫苗或中等毒力疫苗首次免疫，必要时2～3周后加强免疫1次。商品鸡用上述程序免疫即可；种鸡则在10～12周龄用中等毒力疫苗免疫1次，18～20周龄用灭活苗注射免疫。

六、大肠杆菌病

鸡大肠杆菌病是由致病性大肠杆菌引起的一种常见多发病，其中包括多种病型，且复杂多样，是目前危害养鸡业重要的细菌性疾病之一。

1. 发病特点

禽大肠杆菌在鸡场普遍存在，特别是鸡舍通风不良，大量鸡粪在垫料、空气尘埃中污染用具和道路，粪场及孵化厅等处环境中染菌最高。

大肠杆菌随粪便排出，并可污染蛋壳或从感染的卵巢、输卵管等处侵入卵内，在孵育过程中，使禽胚死亡或出壳发病和带菌，是该病传播过程中重要途径。带菌禽以水平方式传染健康禽，消化道、呼吸道为常见的传染门户，交配或污染的输精管等也可经生殖道造成传染。啮齿动物的粪便常含有致病性大肠杆菌，可污染饲料、饮水而造成传染。

本病主要发生密集化养殖场，各种禽类不分品种、性别、日龄均对本菌易感。特别幼龄禽类发病最多，如污秽、拥挤、潮湿通风不良的环境，过冷过热或温差很大的气候，有毒有害气体（氨气或硫化氢等)长期存在,饲养管理失调,营养不良(特别是维生素的缺乏)以及病原微生物(如支原体及病毒)感染所造成的应激等均可促进本病的发生。

2. 临床症状

大肠杆菌感染情况不同,出现的病情就不同。

(1)气囊炎:多发病于5～12周龄的幼鸡,6～9周龄为发病高峰。病鸡精神沉郁,呼吸困难、咳嗽,有湿性啰音,常并发心包炎、肝周炎、腹膜炎等。

(2)脐炎:主要发生在新生雏,一般是由大肠杆菌与其他病菌混合感染造成的。感染的情况有两种,一种是种蛋带菌,使胚胎的卵黄囊发炎或幼雏残余卵黄囊及脐带有炎症;另一种是孵化末期温度偏高,生雏提前,脐带断痕愈合不良引起感染。病雏腹部膨大,脐孔不闭合,周围皮肤呈褐色,有刺激性恶臭气味,卵黄吸收不良,有时继发腹膜炎。病雏3～5天死亡。

(3)急性败血症:病鸡体温升高,精神萎靡,采食锐减,饮水增多,有的腹泻,排泄绿白色或黄色稀便,有的死前出现仰头、扭头等神经症状。

(4)眼炎:多发于大肠杆菌败血症后期。患病侧眼睑封闭,肿大突出,眼内积聚脓液或干酪样物。去掉干酪样物,可见眼角膜变成白色、不透明,表面有黄色米粒大坏死灶。

3. 病理变化

病鸡腹腔液增多,腹腔内各器官表面附着多量黄白色渗出物,致使各器官粘连。特征性病变是肝脏呈绿色和胸肌充血,有时可见肝脏表面有小的白色病灶区。盲肠、直肠和回肠的浆膜上见有土黄色脓肿或肉芽结节,肠粘连不能分离。

4. 诊断

本病常缺乏特征性表现,其剖检变化与鸡白痢、新城疫、霍乱、马立克病等不易区别,因而根据流行特点、临床症状及剖检变化进行综合分析,只能做出初步诊断,最后确诊需进行实验室检查。

5. 治疗

用于治疗本病的药物很多,其中恩诺沙星、先锋霉素、庆大霉素可列为首选药物(因埃希大肠杆菌对四环素、强力霉素、青霉素、链霉素、卡那霉素、复方新诺明等药物敏感性较低而耐药性较强,临床上不宜选用)。在治疗过程中,最好交替用药,以免产生抗药性,影响治疗效果。

(1)用恩诺沙星或环丙沙星饮水、混料或肌内注射。每毫升5%恩诺沙星或5%环丙沙星溶液加水1千克(每千克饮水中含药约50毫克),让其自饮,连续3～5天;用2%的环丙沙星预混剂250克均匀拌入100千克饲料中(即含原药5克),饲喂1～3天;肌内注射,每千克体重注射0.1～0.2毫升恩诺沙星或环丙沙星注射液,效果显著。

(2)用庆大霉素混水,每千克饮水中加庆大霉素10万单位,连用3～5天;重症鸡可用庆大霉素肌内注射,幼鸡每只每次5000单位,成鸡每次1万～2万单位,每天3～4次。

(3)用壮观霉素按31.5毫克/千克浓度混水,连用4～7天。

(4)用强力抗或灭败灵混水。每瓶强力抗药液(15毫升),加水25～50千克,任其自饮2～3天,其治愈率可达98%以上。

(5)用5%氟哌酸预混剂50克,加入50千克饲料内,拌匀饲喂2～3天。

6. 预防

(1)搞好孵化卫生及环境卫生,对种蛋及孵化设施进行彻底消毒,防止种蛋的传递及初生雏的水平感染。

(2)加强雏鸡的饲养,适当减少饲养密度,注意控制鸡舍、湿度、通风等环境条件,尽量减少应激反应。在断喙、接种、转群等造成鸡体抗病力下降的情况下,可在饲料中添加抗生素,并增加维生素与微量元素的含量,以提高营养水平,增强鸡体的抗病力。

(3)在雏鸡出壳后 3～5 日龄及 4～6 日龄分别给予 2 个疗程的抗菌类药物可以收到预防本病的效果。

(4)大肠杆菌的不同血清型没有交叉免疫作用,但对同一菌型具有良好的免疫保护作用,大多数鸡经免疫后可产生坚强的免疫力。因此,对于高发病地区,应分离病原菌作血清型(菌型)的鉴定,然后依型制备灭活铝胶苗进行免疫接种。种鸡免疫接种后,雏鸡可获得被动保护。菌苗需注射 2 次,第一次注射在 13～15 周龄,第二次注射在 17～18 周龄,以后每隔 6 个月进行一次加强免疫注射。

七、球虫病

鸡球虫病是由艾美尔属的各种球虫寄生于鸡肠道引起的疾病,对雏鸡危害极大,死亡率高,是鸡生产中的常见多发病,在潮湿闷热的季节发病严重,是养鸡业一大危害。

1. 发病特点

各个品种的鸡均有易感性,15～50 日龄的鸡发病率和致死率都较高,成年鸡对球虫有一定的抵抗力。病鸡是主要传染源,凡被带虫鸡污染过的饲料、饮水、土壤和用具等,都有卵囊存在。鸡感染球虫的途径主要是吃了感染性卵囊。人及其衣服、用具等以及某些昆虫都可成为机械传播者。

饲养管理条件不良,鸡舍潮湿、拥挤,卫生条件恶劣时,最易发病。在潮湿多雨、气温较高的梅雨季节易爆发球虫病。

2. 临床症状

(1)急性型:急性型病程为 2～3 周,多见于雏鸡。发病初期精神沉郁,羽毛松乱,不爱活动;食欲废绝,鸡冠及可视黏膜苍白,逐渐消瘦;排水样稀便,并带有少量血液。若是盲肠球虫,则粪便呈棕红色,以后变成血便。雏鸡死亡率高达 100％。

(2)慢性型:慢性型多见于 2～4 月龄的雏鸡或成鸡,症状类似急性型,但不大明显。病程长达数周或数月,病鸡逐渐消瘦,产蛋减少,间歇性下痢,但较少死亡。

3. 病理变化

鸡体消瘦,肌肉苍白、贫血。柔嫩艾美尔球虫侵害盲肠(也称盲肠球虫)引起极度肿胀,浆膜、黏膜有出血点,肠壁增厚,肠内充满血样内容物或混有干酪样物质。毒害艾美尔球虫主要侵害小肠(又称小肠球虫),受侵害肠段高度肿胀,肠内充气,肠黏膜有较大的出血点,浆膜还可见黄白色或血样病灶,肠内充满血样内容物。

4. 诊断

根据临床表现结合病理剖检、病鸡年龄和季节做出判断。

5. 治疗

(1)球痢灵,按饲料量的 0.02％～0.04％投服,以 3～5 天为 1 个疗程。

(2)氨丙啉,按饲料量的 0.025％投服,连续投药 5～7 天。

(3)克球粉(可爱丹)用量用法同球痢灵。

(4)氯苯胍,按饲料量的 0.0033％投服,以 3～5 天为 1 个疗程。

(5)盐霉素(沙利诺麦新)剂量为 70 毫克/千克,拌饲料中,连用 5 天。

(6)青霉素每天每只雏鸡按 4000 单位计算,溶于水中饮服,连用 3 天。

(7)三字球虫粉(磺胺氯吡嗪钠)治疗量饮水按 0.1％浓度,混料按 0.2％比例,连用 3 天。同时对细菌性疾病也有效。

（8）马杜拉霉素（加福）预防量为 5 毫克/千克,长期应用。

6. 预防

育雏前,鸡舍地面,育雏器、饮水器、饲槽要彻底清洗,用火焰消毒,保持舍内地面、垫草干燥,粪便应及时清除发酵处理。

（1）预防性投药和治疗:在易发日龄饲料添加抗球虫药,因球虫对药物易产生抗药性,故常用抗球虫药物应交替应用。或联合使用几种高效球虫药,如球虫灵、菌球净、氯苯胍、莫能霉素、盐霉素、复方新诺明、氯丙啉等。

（2）免疫防治:现有球虫疫苗,种鸡可应用,使子代获得母源抗体保护。

八、马立克病

鸡马立克病是由鸡疱疹病毒引起鸡的一种最常见的淋巴细胞增生性疾病,死亡率可达 30％～80％,对养鸡业造成严重威胁,是我国主要的禽病之一。

1. 发病特点

病鸡和带毒鸡是传染源,尤其是这类鸡的羽毛囊上皮内存在大量完整的病毒,随皮肤代谢脱落后污染环境,成为在自然条件下最主要的传染来源。

本病主要通过空气传染经呼吸道进入体内,污染的饲料、饮水和人员也可带毒传播。孵化室污染能使刚出壳雏鸡的感染性明显增加。

1 日龄雏鸡最易感染,2～18 周龄鸡均可发病。母鸡比公鸡易感性高。

2. 临床症状

经病毒侵害后，病鸡的表现方式可分为神经型、内脏型、眼型和皮肤型。

(1)神经型：由于病变部位不同，症状上有很大区别。坐骨神经受到侵害时，病鸡开始走路不稳，逐渐看到一侧或两侧腿腐，严重时瘫痪不起，典型的症状是一只腿向前伸，一条腿向后伸的"劈叉"姿势。病腿部肌肉萎缩，有凉感，爪子多弯曲。翅膀的臂神经受到侵害时，病鸡翅膀无力，常下垂到地面，如穿大褂。当颈部神经受到损害时，病鸡脖子常斜向一侧，有时见大嗉囊，病鸡常蹲在一起张口无声地喘气。

(2)急性内脏型：可见病鸡呆立，精神不振，羽毛散乱，不爱走路，常蹲在墙角，缩颈，脸色苍白，拉绿色稀粪，但能吃食，一般15天左右即死去。

(3)眼型：病鸡一侧或两侧性眼睛失明。失明前多不见炎性肿胀，仔细检查时病鸡眼睛的瞳孔边缘呈不整齐锯齿状，并见缩小，眼球如"鱼眼"或"珍珠眼"、瞳孔边缘不整，在发病初期尚未失明就可见到以上情况，对早期诊断本病很有意义。

(4)皮肤型：病鸡褪毛后可见体表毛囊腔形成结节及小的肿瘤状物，在颈部、翅膀、大腿外侧较为多见。肿瘤结节呈灰粉黄色，突出于皮肤表面，有时破溃。

3. 病理变化

内脏器官出现单个或多个淋巴性肿瘤灶，常发生在卵巢、肾、肝、心、肺、脾、胰等处。同时肝、脾、肾、卵巢肿大、比正常增大数倍，颜色变淡。卵巢肿瘤呈菜花状或脑样。腺胃肿大增厚、质坚实。法氏囊多萎缩、皱褶大小不等，不见形成肿瘤。坐骨神经、臂神经、迷走神经肿大比正常增粗2～3倍，神经表面银白色纹理和光亮全部消失，神经粗细不匀呈灰白色结节状。

4．诊断

根据流行病学，临床症状和病理变化可做出诊断，用病鸡血清及羽髓做琼扩试验，阳性者可确诊。

5．治疗

本病无特效治疗药物，只有采取疫苗接种和严格的卫生措施才可能控制本病的发生和发展。

（1）疫苗种类：血清 1 型疫苗，主要是减弱弱毒力株 CV1-988 和齐鲁制药厂兽药生产的 814 疫苗，其中 CV1-988 应用较广；血清 2 型疫苗，主要有 SB-1，301B/301A/1 以及我国的 Z4 株，SB-1 应用较广，通常与火鸡疱疹病毒疫苗（即血清 3 型疫苗 HVT）合用，可以预防超强毒株的感染发病，保护率可达 85％以上；血清 3 型疫苗，即火鸡疱疹病毒 HVT-FC126 疫苗，HVT 在鸡体内对马立克病病毒起干扰作用，常 1 日龄免疫，但不能保护鸡免受病毒的感染；20 世纪 80 年代以来，HVT 免疫失败的越来越多，部分原因是由于超强毒株的存在，市场上已有 SB-1＋FC126、301B/1＋FC126 等二价或三价苗，免疫后具有良好的协同作用，能够抵抗强毒的攻击。

（2）免疫程序的制订：单价疫苗及其代次、多价疫苗常影响免疫程序的制订，单价苗如 HVT、CV1-988 等可在 1 日龄接种，也有的地区采用 1 日龄和 3～4 周龄进行两次免疫。通常父母代用血清 1 型或 2 型疫苗，商品代则用血清 3 型疫苗，以免受血清 1 型或 2 型母源抗体的影响，父母代和子代均可使用 SB-1 或 301B/1＋HVT 等二价疫苗。

6．预防

（1）加强养鸡环境卫生与消毒工作，尤其是孵化卫生与育雏鸡舍的消毒，防止雏鸡的早期感染是非常重要的，否则即使出壳后即刻免疫有效疫苗,也难防止发病。

（2）加强饲养管理,改善鸡群的生活条件,增强鸡体的抵抗力,对预防本病有很大的作用。饲养管理不善,环境条件差或某些传染病如球虫病等常是重要的诱发因素。

（3）坚持自繁自养,防止因购入鸡苗的同时将病毒带入鸡舍。采用全进全出的饲养制度,防止不同日龄的鸡混养于同一鸡舍。

（4）防止应激因素和预防能引起免疫抑制的疾病如鸡传染性法氏囊病、鸡传染性贫血病毒病、网状内皮组织增殖病等的感染。

（5）一旦发生本病,在感染的场地清除所有的鸡,将鸡舍清洁消毒后,空置数周后再引进新雏鸡。一旦开始育雏,中途不得补充新鸡。

九、绦虫病

绦虫是一些白色,扁平、带状分节的蠕虫。虫体由一个头节和多体节构成。散养鸡与中间宿主接触机会大大增多,所以散养鸡很容易发生绦虫病。

1. 发病特点

家禽的绦虫病分布十分广泛,危害面广且大。感染多发生在中间宿主活跃的 4～9 月份,各种年龄的家禽均可感染,但以雏禽的易感性更强,25～40 日龄的雏禽发病率和死亡率最高,成年禽多为带虫者。饲养管理条件差、营养不良的禽群,本病易发生和流行。

2. 临床症状

由于棘沟赖利绦虫等各种绦虫都寄生在鸡的小肠,用头节破坏了肠壁的完整性,引起黏膜出血,肠道炎症,严重影响消化机能。病鸡表现为下痢,粪便中有时混有血样黏液。轻度感染造成雏鸡发育受阻,成鸡产蛋量下降或停止。寄生绦虫量多时,可使肠管堵塞,肠内容物通过受阻,造成肠管破裂和引起腹膜炎。绦虫代谢产物可引起鸡体中毒,出现神经症状。病鸡食欲不振,精神沉郁,贫血,鸡冠和黏膜苍白,极度衰弱,两足常发生瘫痪,不能站立,最后因衰竭而死亡。

3. 病理变化

十二指肠发炎,黏膜肥厚,肠腔内有多量黏液,恶臭,黏膜贫血,黄染。感染棘沟赖利绦虫时,肠壁上可见结核样结节,结节中央有米粒大小的凹陷,结节内可找到虫体或填满黄褐色干酪样物质,或形成疣状溃疡。肠腔中可发现乳白色分节的虫体。虫体前部节片细小,后部的节片较宽。

4. 诊断

粪便中检出绦虫虫体或节片,可做出诊断。

5. 治疗

(1)氯硝柳胺(灭绦灵):每千克体重用 50～60 毫克,混合在饲料中一次喂给。

(2)硫双二氯酚(别丁):每千克体重 150～200 毫克,混入饲料中喂服,4 天后再服一次。

(3)丙硫咪唑:驱赖利绦虫有效,每千克体重 10～15 毫克,一次喂用。

(4)吡喹酮:每千克体重用 10～15 毫克,一次喂服。

(5)甲苯咪唑:每千克体重用 30～50 毫克,一次喂服。

(6)六氯酚:每千克体重 26～50 毫克,口服。

(7)槟榔煎汁:每千克体重用槟榔片或槟榔粉 1～1.5 克,加水煎汁,用细橡皮管直接灌入嗉囊内,早晨逐只给药并多饮水,一般在给药后 3～5 天内排出虫体。

6．预防

(1)注意粪便的处理，尤其是驱虫后粪便应堆积发酵。

(2)常发地区有计划的定期进行预防性驱虫，并驱除中间宿主蚂蚁和甲虫等。

十、蛔虫病

鸡蛔虫病是鸡体内寄生虫的一种，呈线条状，黄白色，身上有乳白色横纹。蛔虫分布广，感染率高，对雏鸡危害性很大，严重感染时常发生大批死亡。

1．发病特点

蛔虫卵是流行传播的传染源。成熟的雌虫在鸡的肠道内产卵，卵随粪便排出体外，污染环境、饲料、饮水等，在适宜的条件下，经过1～2周时间卵发育成小幼虫，具备感染能力，这时的虫卵称感染性虫卵。健康鸡吞食了被这种虫卵污染了的饲料、饮水、污物，就会感染蛔虫病。

2．临床症状

患蛔虫病的鸡群，起病缓慢，开始阶段鸡群不断出现贫血、瘦弱的鸡。持续1～2周后，病鸡迅速增多，主要表现为贫血，冠脸黄白色，精神不振，羽毛蓬松，消瘦，行走无力。患病鸡群排出的粪便，常有少量消化物、稀薄，有颜色多样化的特征，其中以肉红色、绿白色多见。同时，鸡群中死鸡迅速增多，死鸡十分消瘦。

3．病理变化

病鸡宰杀时血液十分稀薄，十二指肠、空肠、回肠甚至肌胃中均可见到大小不等的蛔虫，严重者可把肠道堵塞。

4. 诊断

根据临床症状,剖检时发现蛔虫即可确诊。

5. 治疗

用药一般在傍晚时进行,次日早上把排出的虫体、粪便清理干净,防止鸡再啄食虫体又重新感染。

(1)驱蛔灵(哌嗪、磷酸哌哔嗪):每千克体重 0.3 克,一次性口服。

(2)左旋咪唑:每千克体重 10～15 毫克,一次性口服。

(3)驱虫净:每千克体重 10 毫克,一次性口服。

(4)抗蠕敏:每千克体重 25 毫克,一次性口服。

(5)驱虫灵:每千克体重 10～25 毫克,一次性口服。

(6)丙硫苯咪唑:每千克体重 10 毫克,混饲喂药。

6. 预防

(1)防治本病的关键是搞好鸡舍环境卫生,及时清理积粪和垫料,堆积发酵。

(2)大力提倡与实行网上饲养、笼养,使鸡脱离地面,减少接触粪便、污物的机会,可有效预防蛔虫病的发生。

(3)不同年龄的鸡要分开饲养,定期驱虫。

十一、鸡 痘

鸡痘广泛分布于世界各地,是高度接触性病毒性传染病,秋冬季节易流行,尤其潮湿环境下,蚊子较多,会加速该病的传染,因此,多雨的秋季应该注意该病的提前预防。

1. 发病特点

鸡痘分布广泛,几乎所有养鸡的地方都有鸡痘病发生,并且一年四季均可发病,尤其以春、秋两季和蚊蝇活跃的季节最易流行,在鸡群高密度饲养条件下,拥挤、通风不良、阴暗、潮湿、体表寄生虫、维生素缺乏和饲养管理粗放,可使鸡群病情加重,如伴随葡萄球菌、传染性鼻炎、慢性呼吸道疾病,可造成大批鸡死亡,特别是大养殖场(户),一旦鸡痘暴发,就难以控制。

2. 临床症状

本病自然感染的潜伏期为 4～10 天,鸡群常是逐渐发病。病程一般为 3～5 周,严重暴发时可持续 6～7 周。根据患病部位不同主要分为 3 种不同类型,即皮肤型、黏膜型和混合型。

(1)皮肤型:是最常见的病型,多发生于幼鸡,病初在冠、髯、口角、眼睑、腿等处,出现红色隆起的圆斑,逐渐变为痘疹,初呈灰色,后为黄灰色。经 1～2 天后形成痂皮,然后周围出现瘢痕,有的不易愈合。眼睑发生痘疹时,由于皮肤增厚,使眼睛完全闭合。病情较轻不引起全身症状,较严重时,则出现精神不振,体温升高,食欲减退,成鸡产蛋减少等。如无并发症,一般病鸡死亡率不高。

(2)黏膜型:多发生于青年鸡和成年鸡。症状主要在口腔、咽喉和气管等黏膜表面。病初出现鼻炎症状,从鼻孔流出黏性鼻液,2～3 天后先在黏膜上生成白色的小结节,稍突起于黏膜表面,以后小结节增大形成一层黄白色干酪样的假膜,这层假膜很像人的"白喉",故又称白喉型鸡痘。如用镊子撕去假膜,下面则露出溃疡灶。病鸡全身症状明显,精神萎靡,采食与呼吸发生障碍,脱落的假膜落入气管可导致窒息死亡。病鸡死亡率一般在 5% 以上,雏鸡严重发病时,死亡率可达 50%。

(3)混合型:有些病鸡在头部皮肤出现痘疹,同时在口腔出现白喉病变。

3. 病理变化

除见局部的病理变化外,一般可见呼吸道黏膜、消化道黏膜卡他性炎症变化,有的可见有痘疱。

4. 诊断

根据皮肤、口腔、喉、气管黏膜出现典型的痘疹,即可做出诊断。

5. 治疗

(1)大群鸡用吗啉胍按照 1‰的量拌料,连用 3～5 日,为防继发感染,饲料内应加入 0.2%土霉素,配以中药鸡痘散(龙胆草 90 克,板蓝根 60 克,升麻 50 克,野菊花 80 克,甘草 20 克,加工成粉末,每日成鸡 2 克/只,均匀拌料,分上下午集中喂服),一般连用 3～5 日即愈。

(2)对于病重鸡,皮肤型可用镊子剥离痘痂,伤口涂抹碘酊或紫药水或生棉油;白喉型可用镊子将黏膜假膜剥离取出,然后再撒上少许"喉症散"或"六神丸"粉或冰硼散,每日 1 次,连用 3 日即可。

(3)对于痘斑长在眼睑上,造成眼睑粘连,眼睛流泪的鸡可以采用注射治疗的方法给予个别治疗,用法为青霉素 1 支(40 万单位),链霉素 1 支(10 万单位),病毒唑 1 支,地塞米松 1 支,混匀后肌注,40 日龄以下注射 10 只鸡,40 日龄以上注射 5～7 只鸡。一般连续注射 3～5 次,即可痊愈。

6. 预防

(1)预防接种:本病可用鸡痘疫苗接种预防。10 日龄以上的雏鸡均可以接种,免疫期幼雏 2 个月,较大的鸡 5 个月。刺种后3～4 天,刺种部位应微现红肿,结痂,经 2～3 周脱落。

(2)严格消毒:要保持环境卫生,经常进行环境消毒,消灭蚊子等吸血昆虫及其孳生地。发病后要隔离病鸡,轻者治疗,重者捕杀并与病死鸡一起深埋或焚烧。污染场地要严格清理消毒。

十二、有机磷农药中毒

有机磷农药使用最广泛的高效杀虫剂，常用的有 1605、1059、3911、乐果、敌敌畏、敌百虫等，这类农药对鸡有很强的毒害作用，稍有不慎即可发生中毒。此外，残留于农作物上的少量有机磷对鸡也有毒害作用。

1. 发病特点

由于对农药管理或使用不当，致使家禽中毒。如用有机磷农药在禽舍杀灭蚊、蝇或投放毒鼠药饵，被家禽吸入；饮水或饲料被农药污染；防治禽寄生虫时药物使用不当；其他意外事故等。

2. 临床症状

最急性中毒往往不见任何症状而突然发病死亡。急性病例，可见不食、流涎、流泪、瞳孔缩小、肌肉震颤、无力、共济失调、呼吸困难、鸡冠与肉髯发绀，腹泻，后期病鸡出现昏迷，体温下降，常卧地不起而衰竭而死。

3. 病理变化

由消化道食入者常呈急性经过，消化道内容物有一种特殊的蒜臭味，胃肠黏膜充血、肿胀，易脱落。肺充血水肿，肝、脾肿大，肾肿胀，被膜易剥离。心脏点状出血，皮下、肌肉有出血点。病程长者有坏死性肠炎。

4. 诊断

根据病史，有与农药接触或误食被农药污染的饲料等情况。发病鸡口流涎量多而且症状明显，瞳孔明显缩小，肌肉震颤痉挛等。胃内容物有异味，一般可初步诊断。必要时进行实验室诊断，做有机磷定性试验。

5. 治疗

发现中毒病例,消除病因,采取对症疗法。

(1)一般急救措施:清除毒源。经皮肤接触染毒的,可用肥皂水或 2％碳酸氢钠溶液冲洗(敌百虫中毒不可用碱性药液冲洗)。经消化道染毒的,可试用 1‰硫酸铜内服催吐或切开嗉囊排除含毒内容物。

(2)特效药物解毒:常用的有双复磷或双解磷,成禽肌注 40～60 毫克/千克;同时配合 1‰硫酸阿托品每只肌注 0.1～0.2 毫升。

(3)支持疗法:电解多维和 5％葡萄糖溶液饮水。

6. 预防

在用有机磷农药杀灭鸡舍或鸡体表寄生虫及蚊蝇时,必须注意使用剂量,勿使农药污染饲料和饮水。

十三、黄曲霉毒素中毒

黄曲霉毒素是黄曲霉菌的代谢产物,广泛存在于各种发霉变质的饲料中,对畜禽和人类都有很强的毒性,鸡对黄曲霉毒素比较敏感,中毒后以急性或慢性肝中毒、全身性出血、腹水、消化机能障碍和神经症状为特征。

1. 发病特点

由于采食了被黄曲霉菌或寄生曲霉等污染的含有毒素的玉米、花生粕、豆粕、棉籽饼、麸皮、混合料和配合料等而引起。黄曲霉菌广泛存在于自然界,在温暖潮湿的环境中最易生长繁殖,产生黄曲霉毒素。黄曲霉毒素及其衍生物有 20 余种,引起家禽中毒的主要毒素有 B_1、B_2、G_1、G_2、M_1、M_2,以 B_1 的毒性最强。以幼龄的鸡特别是 2～6 周龄的雏鸡最为敏感。

2. 临床症状

（1）雏鸡：表现精神沉郁，食欲不振，消瘦，鸡冠苍白，虚弱，凄叫，拉淡绿色稀粪，有时带血。腿软不能站立，翅下垂。

（2）育成鸡：精神沉郁，不愿运动，消瘦，小腿或爪部有出血斑点，或融合成青紫色，如乌鸡腿。

（3）成鸡：耐受性稍高，病情和缓，产蛋减少或开产期推迟，个别可发生肝癌，呈极度消瘦的恶病质而死亡。

3. 病理变化

（1）急性中毒：肝脏充血、肿大、出血及坏死，色淡呈黄白色，胆囊充盈。肝细胞弥漫脂肪变性，变成空泡状，肝小叶周围胆管上皮增生形成条索状。肾苍白肿大。胸部皮下、肌肉有时出血，肠道出血。

（2）慢性中毒：常见肝硬变，体积缩小，颜色发黄，并呈白色点状或结节状病灶，肝细胞大部分消失，大量纤维组织和胆管增生，个别可见肝癌结节，伴有腹水；心包积水；胃和嗉囊有溃疡；肠道充血、出血。

4. 诊断

根据有食入霉败变质饲料的病史、临床症状、特征性剖检变化，结合血液化验和检测饲料发霉情况，可做出初步诊断。确诊则需对饲料用荧光反应法进行黄曲霉毒素测定。

5. 治疗

发现鸡群有中毒症状后，立即对可疑饲料和饮水进行更换。对本病目前尚无特效药物，对鸡群只能采取对症治疗，如给鸡饮用5%葡萄糖水，有一定的保肝解毒作用。灌服高锰酸钾水，破坏消化道内毒素，以减少吸收。同时对鸡群加强饲养管理，有利于鸡的康复。

6. 预防

(1)饲料防霉：严格控制温度、湿度，注意通风，防止雨淋。为防止饲粮发霉，可用福尔马林对饲料进行熏蒸消毒；为防止饲料发霉，可在饲料中加入防酶剂，如在饲料中加入 0.3％丙酸钠或丙酸钙，也可用克霉或诗华抗霉素等。

(2)染毒饲料去毒：可采用水洗法，用 0.1％的漂白粉水溶液浸泡 4～6 小时，再用清水浸洗多次，直至浸泡水无色为宜。

十四、中　暑

鸡中暑又称热衰竭，是日射病(源于太阳光的直接照射)和热射病(源于环境温度过高、湿度过大，体热散发不出去)的总称，是酷暑季节鸡的常见病。本病以鸡急性死亡为特征，因此，夏季加强对鸡中暑的预防，发生中暑及时治疗是十分必要的。

1. 发病特点

温度是影响鸡生产性能的重要指标之一。据测定，鸡最适宜的环境温度在 13～15 ℃，当温度达到 30 ℃时，鸡的采食量减少10％～30％，当温度达到 35 ℃时，鸡就会出现一系列精神异常反应，出现中暑症状。中暑的情况随温度的升高而加剧，当温度超过40 ℃时，造成鸡大批中暑死亡。

2. 临床症状

处于中暑状态的鸡主要表现为张口呼吸，呼吸困难，部分鸡喉内发出明显的呼噜声；采食量严重下降，部分鸡绝食；饮水量大幅度增加；精神萎靡，活动减少，部分鸡卧于笼底；鸡冠发绀；体温高达 45 ℃以上。剖检时往往无特征性病变，但大多数鸡的胸腔呈弥散性出血，肠道往往发生高度水肿，肺及卵巢充血，有些蛋鸡体内尚有成型的待产鸡蛋。

3. 诊断

根据临床表现，结合通风、气温等因素即可诊断。

4. 治疗

发现鸡只中暑，应立即将鸡转移到阴凉通风处，在鸡冠、翅翼部扎针放血，同时肌注维生素 C 0.1 克，灌服十滴水、藿香正气水 1～2 滴、仁丹 3～4 粒。一般情况下，多数中暑鸡经过治疗可以很快康复。

5. 预防

预防鸡中暑的关键措施是降温，同时要加强鸡的饲养管理：

（1）人工喷雾凉水，降低空间温度：可用喷雾器将刚从井里打上来的凉水进行空间喷雾。

（2）地面泼洒凉水，增加蒸发散热：舍温太高的时候，可以向鸡舍地面泼洒一些凉水，同时打开门窗，加大对流通风。

（3）减少热量入舍，保证舍内凉爽：阳光照射是导致舍温升高的一个重要因素，可以在鸡舍屋面上覆盖一层 10～15 厘米厚的稻草或麦秸，洒上凉水，保持长期湿润；在窗上搭遮阳棚，阻挡阳光直射入舍。

（4）保证供应充足清洁、清凉的深井水或冰水，缓解高温影响。

（5）增喂降温饲料：将西瓜皮切碎，每日每只鸡喂 50 克左右，日喂 3 次，中午单独喂，早晚拌入饲料中喂给。也可将黄豆、石膏粉按各 100 克，加水 10 千克的比例，浸泡 24 小时，取浸液作饮水喂鸡。

十五、啄癖症

鸡的啄癖症是指由于营养代谢机能紊乱、味觉异常及饲养管理不当等引起的一种非常复杂的多种疾病综合征,是鸡类生产养殖中危害较严重的恶癖,同时给养殖户带来较大经济损失。

1. 发病特点

啄癖发生的原因很复杂,主要包括环境、日粮和疾病等因素。

(1)环境因素:舍内通风不良、有害气体浓度过高,光照太强或光线不适,禽舍湿度、温度过高,家禽下痢时易引发啄肛癖。光色不适也易引起啄癖,灯光过亮或黄光、青光下易引起啄羽、啄肛和斗殴。

(2)日粮因素:日粮中蛋白质含量偏低,日粮氨基酸不平衡而引发啄羽、啄蛋;维生素 B_{12} 缺乏时会影响雏鸡的生长发育,使其生长减慢、羽毛生长不良,引起啄毛或自食羽毛;生物素不足时会影响内分泌腺的分泌活动,引起脚上发生皮炎,头部、眼睑、嘴角表皮质角化而诱发啄癖;烟酸缺乏能引起皮炎与趾骨短粗而诱发啄癖。维生素 D 影响钙磷的吸收,缺乏时会引起脱肛;日粮矿物质元素不足或不平衡,尤其是食盐不足造成家禽喜食带咸性的血迹时,若某鸡受外伤或母鸡产蛋、肛门括约肌暴露在外时,其他鸡就会啄食,形成啄肛癖。硫含量不足等均可引起啄羽、啄肛、异食等恶癖;粗纤维缺乏时,鸡肠蠕动不充分,易引起啄羽、啄肛等恶习。

(3)疾病因素:大肠杆菌、白痢等可引起啄羽、啄肛;鸡患慢性肠炎,营养吸收差时会引起互啄;母鸡输卵管或泄殖腔外翻也会引起啄癖;当鸡发生消化不良或患球虫病时,肛门周围羽毛被污物粘连也可引起啄羽;体表创伤、出血或有炎症等均可诱发啄癖。鸡体表有羽虱、刺皮螨、疥癣虫等寄生虫时,寄生虫刺激皮肤,引起自啄,有时自啄造成外伤出血,引发其他鸡追啄。

2. 临床症状

据啄食对象的不同啄癖可分为啄羽癖、啄趾癖、啄肛癖、啄蛋癖及啄食其他异物的异食癖等。

（1）啄羽癖：啄羽有自啄和互啄之分，自啄是维生素、微量元素及饲料钙磷比例失调引起的。互啄是几只鸡围攻一只鸡啄。本病冬季和早春多发，一旦发生会广泛传开。严重被啄者肛门羽毛、尾羽、背羽被全部啄光，其皮肤裸露。

（2）啄肉癖：各年龄的鸡均可发生。鸡互啄羽毛或啄脱落的羽毛，被啄鸡皮肉暴露，出血后，发展为啄肉癖，有的鸡因被啄穿肚子，啄出内脏而死。

（3）啄肛癖：育雏期时最易发生，特别是鸡发生白痢病时，能招致少数或一群鸡争啄，常有鸡因直肠、内脏被啄出而死。另外，产蛋鸡在产蛋或交配，泄殖腔外翻时也会被其他母鸡啄食，造成出血、脱肛甚至死亡

（4）啄蛋癖：产蛋旺季种鸡容易发生啄蛋癖。啄蛋癖主要发生于产蛋鸡群，尤其是高产鸡群。饲料缺钙或蛋白质含量不足，造成鸡产软壳蛋，软壳蛋被踩破或蛋在巢内及地面被碰破后引发啄食。

（5）啄趾癖：雏鸡易发。啄趾癖多见于雏鸡脚部被外寄生虫侵袭时，阳光直射下，脚趾血管极像小虫也会引起鸡群互啄脚趾，引起出血和跛行，有的鸡甚至脚趾被啄光。

（6）异食癖：患各种营养不良时，鸡常啄食一种不能消化的东西，如石灰、粪便、稻草等。鸡消化食物时需要砂粒，如果缺乏，也常引发啄异物癖。

3. 诊断

根据临床表现即可诊断。

4. 治疗

（1）发生啄癖时，立即将被啄的鸡隔离饲养，受伤局部进行消毒处理，可在伤口涂抹机油、煤油、鱼石脂、松节油、樟脑油等具有强烈异味的物质，防止鸡再被啄和鸡群互啄。

（2）在饲料中加入 1.5%～2% 石膏粉可治疗原因不明的啄羽

癖。为改变已形成的恶癖,可在笼内放入有颜色的乒乓球或在舍内插入芭蕉叶等物质,使鸡啄之无味或让其分散注意力。

(3)在饲料中添加1.5%～2.0%的食盐,连喂3～4天,对食盐缺乏引发的啄癖效果明显,但要供给足够的饮水以防食盐中毒。

(4)鸡患寄生虫时,用胺菊酯、溴氢菊酯、苄呋菊酯等对鸡群进行喷雾或药浴以预防或驱杀体表寄生虫。

(5)用盐霉素、氨丙啉等拌料预防和治疗鸡球虫病,同时注意定期消毒。

5.预防

防治本病时,应以预防为主,首先应了解发生同类相残的原因并加以排除,进而根据诊断出的病因,采取相应的防治措施。

(1)及时移走互啄倾向较强的鸡只,单独饲养,隔离被啄鸡只,在被啄的部位涂擦甲紫、黄连素和氯霉素等苦味强烈的消炎药物,一方面消炎,一方面使鸡知苦而退。作为预防,可用废机油涂于易被啄部位,利用其难闻气味和难看的颜色使鸡只失去兴趣。

(2)光照不可过强,以每米3瓦的白炽灯照明亮度为上限。光照时间严格按饲养管理规程给予,光照过强,鸡啄癖增多。育雏期光照控制不当。

(3)加强通风换气,最大限度地降低舍内有害气体含量。

(4)严格控制温度湿度,避免环境不适而引起的拥挤堆叠,烦躁不安,啄癖增强等。

(5)补喂砂粒,提高消化率。可从河沙中选出坚硬、不易破碎的砂石,雏鸡用小米粒大小,成鸡用玉米粒大小,按日粮0.5%～1%掺入。

十六、鸡　虱

虱属于节肢动物门,昆虫纲,食毛目,是鸡、鸭、鹅的常见体外寄生虫。它们寄生于禽的体表或附于羽毛、绒毛上，严重影响禽群健康和生产性能，常造成很大的经济损失。

1. 发病特点

鸡羽虱的传播方式主要是直接接触。秋冬季羽虱繁殖旺盛，羽毛浓密，同时鸡群拥挤在一起，是传播的最佳季节，鸡羽虱不会主动离开鸡体，但常有少量羽毛等散落到鸡舍，产蛋箱上，从而间接传播。

2. 临床症状

普通大鸡虱主要寄生在鸡泄殖腔下部，严重感染时可蔓延到胸部、腹部和翅膀下面，除以羽毛的羽小枝为食外，还常损害表皮，吸食血液，因刺激皮肤而引起发痒；羽干虱一般寄生在羽干上，咬食羽毛，导致羽毛脱落；头虱主要寄生在鸡的头部，其口器常紧紧地附着在寄生部位的皮肤上，刺激皮肤发痒，造成鸡秃头。羽虱大量寄生时，患鸡奇痒，不安，影响采食和休息。因啄痒而造成羽毛折断、脱落及皮肤损伤，鸡体消瘦，贫血，生长发育迟缓，产蛋鸡产蛋量下降，严重的引起死亡。

3. 诊断

在禽皮肤和羽毛上查见虱或虱卵确诊。

4. 治疗

(1)烟雾法：用25％的敌虫聚酯通用油剂，按每立方米鸡舍空间0.01毫升的剂量，用带有烟雾发生装置的喷雾器喷烟，喷烟后密闭鸡舍2～3小时。

(2)喷雾法：将25％的敌虫聚酯通用油剂作为原液，用水配制成0.1％的乳剂，直接喷洒于鸡体。

(3)药浴法：用25％的溴氰聚酯加水配制成4000倍液，将药液盛放于水缸或大锅内，先浸透鸡体，再捏住鸡嘴浸一下鸡头，然后捋去羽毛上的药液,置于干燥处晾干鸡体;也可用 2％洗衣粉水溶液涂洗全身。

(4)沙浴法:圈养鸡可在鸡运动场上挖一浅池,深约 30 厘米,长、宽可因鸡只的多少而定。用 10 份黄沙加 1 份硫磺粉拌匀,放于池内,任鸡自由进行沙浴。

值得注意的是,上述四种方法无论采用哪种方法,要想达到理想的灭虱效果,彻底杀灭鸡羽虱,最好是鸡体、鸡舍、产蛋箱等同时用药。同时,最好间隔 10 天在用药 1 次,这样便可彻底的杀灭鸡羽虱。

5. 预防

(1)为了控制鸡虱的传播,必须对鸡舍、鸡笼、饲喂、饮水用具及环境进行彻底消毒。

(2)对新引起的鸡群,要加强隔离检查和灭虱处理,可用 5％的氯化钠、0.5％的敌百虫、1％的除虫菊酯、0.05％的蝇毒灵等。

十七、鸡　螨

螨又称疥癣虫,种类很多,主要有鸡皮刺螨、羽管螨、膝螨和气囊螨,寄生在鸡体表的一种寄生虫。

1. 发病特点

螨虫主要集中在鸡体的肛门周围、腹部。螨虫白天隐藏在地板条下或隐秘的地方,应在晚上对鸡体进行检查才可发现。螨虫的传播途径有工具、工人、老鼠、苍蝇。

2. 临床症状

螨虫寄生有全身性,寄生在鸡的腿、腹、胸、翅膀内侧、头、颈、背等处,吸食鸡体血液和组织液,并分泌毒素引发鸡皮肤红肿、损伤继发炎症，反复侵袭、骚扰引起鸡不安，影响采食和休息，导致鸡体消瘦、贫血、生长缓慢，严重影响上市品质。

3. 诊断

用镊子取出病灶中的小红点，在显微镜下检查，见到螨幼虫即可确诊。

4. 治疗

大群发生刺皮螨后，可用 20％的杀灭菊酯乳油剂稀释 4000 倍，或 0.25％敌敌畏溶液对鸡体喷雾，要注意防止中毒。环境可用 0.5％敌敌畏喷洒。对于感染膝螨的患鸡，可用 0.03％蝇毒磷或 20％杀灭菊酯乳油剂 2000 倍稀释液药浴或喷雾治疗，间隔 7 天，再重复 1 次。大群治疗可用 0.1％敌百虫溶液，浸泡患鸡脚、腿 4～5 分钟，效果较好。

5. 预防

(1)保持圈舍和环境的清洁卫生，定期清理粪便，清除杂草、污物，堵塞墙缝，粪便集中堆肥发酵等，以减少螨虫数量；定期使用杀虫剂预防，一般在鸡出栏后使用辛硫磷对圈舍和运动场地全面喷洒，间隔 10 天左右再喷洒 1 次。

(2)防止交叉感染，新老鸡群分隔饲养严格执行全进全出制度，避免混养，严格卫生检疫，发现感染及时诊治。注意新老鸡群的隔离饲养，建立隔离带，防止交叉感染。

(3)感染鸡群的治疗可用阿维菌素、伊维菌素等拌料内服，用量为每千克饲料用 0.15～0.2 克。对商品鸡可用灭虫菊酯带鸡喷雾，也可使用沙浴法、药浴法或个体局部涂抹 2％的碳酸软膏等。

第七节　灭鼠、防蚊蝇

1. 灭鼠

鼠是人、畜多种传染病的传播媒介,鼠还盗食饲料和鸡蛋,咬死雏鸡,咬坏物品,污染饲料和饮水,危害极大,因此鸡场必须做好灭鼠工作。

(1)防止鼠类进入建筑物:鼠类多从墙基、天棚、瓦顶等处窜入室内,在设计施工时注意:墙基最好用水泥制成,碎石和砖砌的墙基,应用灰浆抹缝。墙面应平直光滑,防鼠沿粗糙墙面攀登。砌缝不严的空心墙体,易使鼠隐匿营巢,要填补抹平。为防止鼠类爬上屋顶,可将墙角处做成圆弧形。墙体上部与大棚衔接处应砌实,不留空隙。用砖、石铺设的地面,应衔接紧密并用水泥灰浆填缝。各种管道周围要用水泥填平。通气孔、地脚窗、排水沟(粪尿沟)出口均应安装孔径小于1厘米的铁丝网,以防鼠窜入。

(2)器械灭鼠:器械灭鼠方法简单易行,效果可靠,对人、畜无害。灭鼠器械种类繁多,主要有夹、关、压、卡、翻、扣、淹、黏、电等。近年来还研究和采用电灭鼠和超声波灭鼠等方法。

(3)化学灭鼠:化学灭鼠效率高、使用方便、成本低、见效快,缺点是能引起人、畜中毒,有些鼠对药剂有选择性、拒食性和耐药性。所以,使用时需选好药剂和注意使用方法,以保安全有效。灭鼠药剂种类很多,主要有灭鼠剂、熏蒸剂、烟剂、化学绝育剂等。鸡场的鼠类以孵化室、饲料库、鸡舍最多,是灭鼠的重点场所。鼠尸应及时清理,以防被畜误食而发生二次中毒。选用鼠长期吃惯了的食物作饵料,突然投放,饵料充足,分布广泛,以保证灭鼠的效果。

2. 灭蚊、蝇

鸡场易孳生蚊、蝇等有害昆虫，骚扰人、畜和传播疾病，给人、畜健康带来危害，应采取综合措施杀灭。

（1）环境卫生：搞好鸡场环境卫生，保持环境清洁、干燥，是杀灭蚊蝇的基本措施。蚊虫需在水中产卵、孵化和发育，蝇蛆也需在潮湿的环境及粪便等废弃物中生长。因此，填平无用的污水池、土坑、水沟和洼地。保持排水系统畅通，对阴沟、沟渠等定期疏通，勿使污水储积。对贮水池等容器加盖，以防蚊蝇飞入产卵。对不能清除或加盖的防火贮水器，在蚊蝇孳生季节，应定期换水。永久性水体（如鱼塘、池塘等），蚊虫多孳生在水浅而有植被的边缘区域，修整边岸，加大坡度和填充浅湾，能有效地防止蚊虫孳生。鸡舍内的粪便应定时清除，并及时处理，贮粪池应加盖并保持四周环境的清洁。

（2）化学杀灭：化学杀灭是使用天然或合成的毒物，以不同的剂型（粉剂、乳剂、油剂、水悬剂、颗粒剂、缓释剂等），通过不同途径（胃毒、触杀、熏杀、内吸等），毒杀或驱逐蚊蝇。化学杀虫法具有使用方便、见效快等优点，是当前杀灭蚊蝇的较好方法。

①马拉硫磷：是世界卫生组织推荐用的室内滞留喷洒杀虫剂，其杀虫作用强而快，具有胃毒、触毒作用，也可作熏杀，杀虫范围广，可杀灭蚊、蝇、蛆、虱等，对人、畜的毒害小，故适于畜舍内使用。

②敌敌畏：为有机磷杀虫剂。具有胃毒、触毒和熏杀作用，杀虫范围广，可杀灭蚊、蝇等多种害虫，杀虫效果好。但对人、畜有较大毒害，易被皮肤吸收而中毒，故在畜舍内使用时，应特别注意安全。

③合成拟菊酯：是一种神经毒药剂，可使蚊蝇等迅速呈现神经麻痹而死亡。杀虫力强，特别是对蚊的毒效比敌敌畏、马拉硫磷等高10倍以上，对蝇类，因不产生抗药性，故可长期使用。

第九章　土鸡菜谱

俗话说"宁吃飞禽四两，不吃走兽一斤"，这就是说，飞禽柔嫩味美，营养丰富，其食用价值大大超过了走兽。从营养的角度看，鸡肉富含的蛋白质比牛肉、羊肉和猪肉的含量都高。脂肪的含量很少，比牛肉、羊肉和猪肉都低，而且脂肪多为不饱和脂肪酸，是老年和心血管患者的理想食品。

鸡肉性温，味甘，具有温中益气、填精补髓、活血调经之功效。适用于治疗虚劳羸瘦，病后虚弱，产后缺乳、小便频繁、脾虚泄泻、消渴、水肿、阳痿、肺结核、胃寒疼痛、慢性胃炎、胃炎、胃下垂、糖尿病、便秘、神经衰弱、风湿性关节炎、月经不调、不孕症、子宫脱垂、乳汁不足、小儿麻疹、小儿疳积、小儿遗尿等症，同时具有益气抗癌等功效。

食鸡肉除增加营养外，还能补虚健脾，有利于疾病的恢复。中医用鸡治疗疾病有一定的研究，认为公鸡、母鸡有区别。公鸡，属阳，善补虚弱，适用于青、壮年男性患者；母鸡，性属阴，对于老年妇女，产妇及体弱多病者有益。

鸡的尾部鸡臀尖有一个法氏囊，是一个淋巴器官，其中常有病菌及癌细胞集聚，所以不宜食用，食时切除这一团"肉"。

一、土鸡食谱

1. 香酥土鸡

【原料】土鸡、料酒、盐、花椒、葱姜丝、团粉、油、花椒盐。

【做法】将备好的土鸡抹上料酒，搓上盐，撒上花椒，鸡肚内塞上葱姜丝稍停一会儿，上笼蒸。蒸熟后去掉葱姜丝、花椒，抹上酱油，挂上团粉过油炸至成金黄色，切成小块盛入盘内。

2. 扒鸡

【原料】以 50 千克鸡为计算量，大茴香 100 克，山柰 50 克，小茴香 100 克，丁香 40 克，花椒 100 克，草果 40 克，砂仁 60 克，豆蔻 50 克，鲜姜 50 克，肉桂 50 克，白芷 50 克，肉蔻 50 克，桂皮 100 克，红蔻 30 克，陈皮 100 克，酱油 1000 克，精盐 1200 克。

【做法】选择健康，体重每只在 1.0～1.5 千克的当年新鸡作为加工原料，宰杀放血、煺毛摘除内脏后，用清水冲洗干净。然后将两腿交叉盘到肛门内，双翅向前由颈部刀口处伸进，在喙内交叉盘出，造成卧体含双翅姿势。将鸡盘好后在体表涂以用糖或蜂蜜熬成的糖色，然后放入烧沸的油锅中炸制 1～2 分钟，至鸡体呈金黄透红时捞出。将小茴香、花椒和压碎的砂仁装入纱布袋，随同其他配料一起放火锅中，把炸好的鸡依次放入锅内并摆好，然后往锅内加入一半老汤（即煮过鸡的陈汤，如无陈汤，配料用量加倍）一半新汤，使汤面高出鸡体，上面用竹箅压实。先用旺火煮 1～2 小时，后用小火焖煮 6～8 小时，最后在煮沸情况下出锅，即为成品。

3. 香露土全鸡

【原料】肥嫩母鸡 1 只，水发香菇 2 朵，火腿肉 2 片，高粱酒 50 克，鸡汤 750 克，丁香子 5 粒。

【做法】将土鸡洗净,从背部剖开,再横切3刀,鸡腹向上放入炖钵,铺上火腿片、香菇,加入调料、鸡汤。钵内放入盛有高粱酒、丁香的小杯。加盖封严,蒸2小时后取出即成。

4. 乡巴佬土鸡

【原料】土鸡1只(约1500克),生姜60克,葱150克,陈酒100克,桂皮50克,陈皮、丁香各30克,肉桂30克,蔻仁20克,山萘10克,茴香30克,山椒15克,小茴香10克,良姜20克,干辣椒适量。

【做法】①将土鸡宰杀、煺毛、去内脏、斩去脚爪、嘴壳洗净。锅置火上,放菜油烧至5成热时,鸡下油锅炸至金黄色捞出。②姜洗净拍破,葱搅成汁,八角、桂皮、丁香、肉桂等上述香料分成2份用纱布装好成香料包,一起入锅加水煮2～3小时至香味透出。③将炸好的鸡放入老卤汤中烧沸,改用文火焖1小时,捞出。等老卤汤冷却后,再将鸡放入汤中浸5小时至鸡表皮香脆即成。色泽红亮,酥香无渣,麻辣味厚,芳香浓郁。

5. 烤土鸡

【原料】鲜嫩土鸡1只(约1000克),味精3克、盐15克,酒10克,花椒、葱、姜、麦芽糖少许。

【做法】①光鸡入沸水中煮3～5分钟,捞出沥干。②用味精、盐、酒搓匀鸡身,腌半小时取出晾干,再用麦芽糖均匀地涂在鸡身上(也可在鸡肚内放入香菇和葱)。③光鸡装入烤盘后进烤箱烘烤,胸向上25分钟,背向上15分钟,取出淋上香油即成。

6. 酒醉土鸡

【原料】活嫩土鸡1只(约3000克),香葱25克,姜片15克,黄酒1000克,精盐和味精各少许。

【做法】将嫩土鸡宰杀后,除净鸡毛和内脏,洗净后备用。将葱姜和清水一起放入锅内，放火上烧沸后，放入嫩土鸡，再烧沸后转用小火，保持汤微沸，约烧 15 分钟左右，撇去浮沫，再继续烧至鸡熟透时捞出，等稍凉后，切成大块，撒上精盐和味精拌和调味，装入有盖的盛器内，倒入黄酒，盖上盖子，放入冰箱的底层，约 2 天后即可捞出，切成小块装入盆内即可食用。土鸡不宜煮得太老而失其鲜嫩。

7. 冷冻嫩土鸡

【原料】光嫩土鸡 1 只（约 1000 克），猪肉皮 250 克，葱段 40 克，生姜片 10 克，黄酒、精盐、味精各少许。

【做法】将土鸡洗净，把猪肉皮上的肥膘刮净，一起放入锅内，加入清水、葱段和姜片后，烹入黄酒放火上烧煮至土鸡和猪肉皮酥烂时，仔细地捞出鸡，出净大小骨头（鸡一定要煮至酥烂，才易于拆除鸡骨），将鸡肉放入盛器内。将煮鸡的汤用细筛子过滤一下，除去香料等，用精盐和味精调味后，倒入盛鸡肉的盛器内，待凉透后放入冰箱，冻至凝结，然后取出，用刀切成长方形厚片，装入盆内即可食用。

8. 气锅土鸡

【原料】肥土鸡、胡椒粉、姜、葱。

【做法】土鸡洗净切块放入汽锅中，加凉水，放葱段、姜片，约蒸 4～5 小时，蒸至土鸡肉酥烂。捡去葱、姜，再撒上调料上桌即可。

9. 锅烧土鸡

【原料】土鸡、肉汤、葱段、姜块、蒜片、盐、料酒、酱油、白糖、花椒、大料、蛋清、团粉、油、花椒盐。

【做法】将备好的土鸡放锅内，添肉汤，加葱段、姜块、蒜片、盐、料酒、酱油、白糖、花椒、大料，煮熟去骨，再挂蛋清团粉合成的糊,过油炸黄,捞出,剁1寸长段或条盛入盘内,撒上花椒盐即成。

10. 良姜炖鸡块

【原料】优质土鸡1只,良姜30～40克,调料等适量。

【做法】将鸡整理干净,切块,与良姜同放锅内,加水适量炖至肉熟,加入葱、盐调味。

11. 干炸土鸡

【原料】土鸡、盐、料酒、味精、葱姜丝、鸡蛋、团粉、水、油、花椒盐。

【做法】将备好的土鸡切小方块,加盐、料酒、味精、葱姜丝腌一会儿,再挂鸡蛋、团粉和水合成的糊,过油炸黄,凉后再炸一次至熟,吃时蘸花椒盐。

12. 沸油土鸡

【原料】土鸡、盐、料酒、酱油、水、油、花椒盐。

【做法】将备好的土鸡去骨,抹上盐、料酒、酱油,过油炸熟再用叉子挑起离油,用勺子舀起热油反复浇鸡身,浇至鸡皮烫焦后改切小块,吃时蘸花椒盐。

13. 香菇土鸡

【原料】土鸡、香菇、油、盐、酱油、料酒、白糖、肉汤、葱段、姜块、蒜片、花椒、大料、味精、香油。

【做法】将备好的土鸡剁块,香菇泡开去根,洗净。锅内放少量油烧热,加鸡块炒至变色,加香菇、盐、酱油、料酒炒几下,再加白糖少许、肉汤、葱段、姜块、蒜片、花椒、大料,炖熟后加味精,淋上香油即成。

14. 土鸡蓉

【原料】土鸡、菜花、油、葱姜丝、肉汤、盐、味精、团粉。

【做法】将备好的土鸡去骨，剁成泥，菜花洗净掰成小朵，再切开，用开水烫一下，捞出拔凉沥净水分。锅内放少量油，葱姜丝煸锅，加鸡泥炒至变色，再加肉汤、盐、菜花烧熟，加味精，勾汁即成。

15. 棒棒土鸡

【原料】嫩土鸡 1 只，葱丝白 10 克。

【做法】将土鸡洗净用绳捆住翅、腿；肉厚处用竹针扎眼。煮熟后捞出晾凉，取脯肉、腿肉，用木棒轻轻拍松，然后撕成鸡丝装盘，以葱丝白围盘，浇上调料即成。

16. 土鸡丝炒鸡蛋

【原料】土鸡肉、鸡蛋、盐、味精、水、油、葱花、酱油。

【做法】将鸡蛋打开加盐、味精、水少许搅匀；鸡肉切丝。锅内放少量油，葱花煸锅，加土鸡肉丝炒几下，再加酱油少许炒熟出锅。锅内再放少量油烧热，加鸡蛋边炒边淋油，炒至半熟加已炒好的鸡丝继续炒几下，立即出锅。

17. 千岛汁土鸡球

【原料】土鸡腿肉 450 克，芥菜心 11 条，千岛汁 10 克，蒜茸 2 克，鸡粉 5 克，胡椒粉 1 克，盐 5 克，香油 1 克。

【做法】将土鸡腿肉切片，加盐、味精、生粉、食粉、水，腌 20 分钟。在 4 成热油中滑熟成球；锅留底油，放少许蒜茸和千岛汁，然后把鸡球放入，再加汤、盐、鸡粉、香油、胡椒粉，勾芡点明油锅，放在盘中。锅中留少许底油，放焯水后的芥菜心，烹料酒加芡汤略炒，起锅码在鸡球边即可。

18. 鸳鸯土鸡

【原料】仔母鸡 1 只，仔公鸡 1 只，猪肉馅 200 克，薏米 150 克，茭白 4 片，青菜心 4 棵，香菇 4 片，熟火腿 4 片，楂糕 3 片，常用调料适量。

【做法】①两只土鸡整鸡出骨后,分别用葱、精盐调成的汁抹在内壁,随即翻皮朝外,整形后稍浸。把两翅膀分别从头部下刀口处插进,通向食管入嘴里,分左右口衔双翅状,待用。②把猪肉馅从刀口处填进母鸡腹腔中,用竹签封口。薏米填入公土鸡腹腔中,用竹签封口。两只土鸡同时下沸水锅中焯水,至皮收缩时出锅。另把母土鸡抹净水分,抹上饴糖着色,过油,呈橘红色捞出,装入容器中,加入原汤、酱油,放入笼中蒸至酥烂;再把公土鸡装入容器中,放入原汤与精盐,入笼蒸至酥烂。③将红白两土鸡的原汤滗下,鸡并排于大平盘中,抽掉竹签,整好形,再把茭白、菜心、香菇放沸汤锅中焯熟,与火腿片分摆,衬在鸡的身上。④分别将白、红原汤入锅,勾薄芡,浇在红白土鸡上即可。形似鸳鸯,双色双味,滋香味醇。

19. 金华玉树土鸡

【原料】土鸡、油汤、芥兰、盐、味精、蚝油、老抽、水淀粉。

【做法】土鸡用油烫浸熟,去骨切块,然后码盘中。芥兰焯水,过油后摆在鸡块旁围。锅中放上汤,加入盐、味精、蚝油,点老抽少许,最后用水淀粉勾芡,点明油淋在鸡上即可。

20. 干烤土鸡块

【原料】带骨土鸡块 400 克,冬笋 50 克,鲜蘑 25 克,植物油 50 克,麻油、白糖、酱油、味精、淀粉、黄酒、香醋、肉桂、葱、姜、精盐适量。

【做法】①土鸡整理好,除净内脏,洗净,剁成 8 分宽 1.5 寸长的块,用少许酱油、黄酒拌匀煨制。②锅内多放油,烧至六成热时,将鸡块放入冲炸一下,倒入漏勺。③锅内留底油,放葱、姜、黄酒、白糖、香醋、酱油、精盐、肉桂、鸡块,加汤后下冬笋、鲜蘑。放旺火煨,收汤,见汤汁浓稠,移大火勾芡加明油出锅。要把握好火候,鸡块入锅中炸时间不宜过长。

21. 宫爆土鸡丁

【原料】嫩土鸡脯肉 150 克，花生米 50 克，鸡蛋 1 只，干淀粉 6 克，葱段、辣油、白糖、酱油、湿淀粉、味精、精盐、黄酒、干辣椒、香醋适量。

【做法】①鸡脯肉除筋，开花刀，切成块形小丁，加鸡蛋白、干淀粉、精盐调拌均匀，放入猪油锅氽一下，将油沥干。②将干辣椒切成小丁形，放入旺油锅（猪油也可，用花生油更好，可增加香味）煎，煎至呈金黄色，将鸡丁放入一起炒 10 秒钟。将葱段、黄酒、酱油、糖、醋、湿淀粉调和，倒入锅内炒拌数下，再将炒熟的花生倒入翻炒几下，最后加些辣油起锅即可。

22. 贵妃土鸡

【原料】上半节土鸡翅膀 150 克，冬笋片、冬菇片各 60 克，冰糖 30 克，水淀粉 5 克，葡萄酒 6 克，酱油、黄酒、葱花、白糖、姜、味精、精盐适量，鸡汤 200 克。

【做法】①先将土鸡翅膀用滚水漂去腥味，猪油锅下白糖炒至金黄色后，将鸡翅膀放入同炒 30 秒钟，再加黄酒、味精、葱、姜、酱油、盐及鸡汤，用文火焖 15 分钟左右（视鸡翅膀的老嫩决定）。②取出葱姜，放入葡萄酒、糖及冬菇、冬笋片，再烧 30 秒钟，放水淀粉勾芡即可。

23. 咖喱土鸡块

【原料】肥嫩土鸡肉 500 克，土豆 150 克，黄酒、精盐、咖喱油、味精、湿淀粉、猪油适量。

【做法】①将土鸡斩成 3 厘米大小的四方块。土豆切块，放入五成热的油锅内氽。至浮在油上，捞出待用。②炒锅置旺火上，倒入白汤、鸡块、酒烧至起沫。把沫打掉，使鸡汤清白，加入盐、味精，在旺火上烧滚，改用水火盖锅焖 25 分钟，焖至鸡肉与骨稍有脱开，放入咖喱油、土豆,淋湿淀粉拌匀成薄芡,推翻几下,使芡包牢鸡块,再放入猪油 15 克,推拌后再放入猪油 10 克,略拌装盘即可。淀粉要淋得少一些,要掌握好火候。

24. 辣子土鸡丁

【原料】嫩土鸡肉 150 克,干淀粉 6 克,泡辣椒 6 克,酱油、白糖、精盐、葱花、湿淀粉、黄酒、香醋、味精适量,鸡蛋 1 只,荸荠丁(或核桃、莴笋)适量。

【做法】①鸡肉切成块形小丁,加入鸡蛋清、干淀粉、精盐调拌均匀,连同荸荠丁放入旺猪油内炒 10 秒钟后,放入泡辣椒、葱、姜等同炒。②将糖、黄酒、酱油和湿淀粉、醋等调和,乘热倒入锅内炒几下即可。炒时要掌握好火候,火要略大一些。

25. 栗子焖土鸡

【原料】光嫩土鸡半只(500 克),栗子 250 克,酱油 150 克,白糖、味精、黄酒、葱段、姜末、青蒜丝、水淀粉、麻油适量,素油 500 克(实耗 50 克)。

【做法】①将土鸡洗净后,斩成 1 寸见方的块,放入盛器内,用少许酱油、黄酒拌和,略腌一下。用刀将栗子壳斩开,下沸水锅氽一下捞出,剥去壳衣,待用。②锅烧热,下素油,烧至油七成热时,将鸡块下锅略炸一下,即连油倒入漏勺。③原锅加素油(25 克),下葱段、姜末、鸡块,烹黄酒,加酱油、白糖、味精、水(500 克),用旺火烧。沸后,盖上锅盖,转用小火焖约 10 分钟后,放栗子,继续焖至鸡酥、汁浓时,再用旺火收汁,同时加水淀粉勾芡推匀,淋上麻油,盛起装碗,撒上青蒜丝即可。

26. 栗子烧土鸡

【原料】光土鸡半只(约 500 克),去壳栗子 250 克,油、精盐、姜、葱、酱油、白糖、五香粉适量。

【做法】①土鸡斩成块,姜切片,葱切碎。②锅内放油少许,油热,放葱、姜略炒,再放入鸡块、栗子煸炒,加入适量酱油、精盐、五香粉、白糖及水,用大火烧沸,改小火焖透。鸡块和栗子下锅煸炒,开始用中火,待酱油、精盐等佐料下锅后改用旺火烧沸,再改小火焖透。

27. 毛豆仔土鸡

【原料】光仔土鸡1只(约750克),青大豆300克,红辣椒1只,酱瓜25克,植物油、精盐、葱、姜、酱油、白糖适量。

【做法】①将仔土鸡从腹部剖开,去内脏(另用),洗净,沥干,斩成块。葱切碎,姜切片,辣椒、酱瓜切丝。②锅内放油少许,放入葱、姜略煸,再放入鸡块和酱瓜、辣椒、青大豆煸透,加入适量酱油、精盐、白糖及水,用大火烧沸,再用小火余透,酥烂入味即成。要掌握好火候,开始用中火煸透,然后改大火烧沸,最后改小火煨透。

28. 茉莉花余土鸡片清汤

【原料】鲜茉莉花24朵,土鸡脯肉100克,鸡蛋2只(用鸡蛋清),精盐、淀粉各适量,鸡汤750克。

【做法】土鸡脯肉去皮、去筋,洗净,切成薄片,放在用蛋清、干淀粉、盐调和的浆料内浆一下,入开水内略烫(也可用温油划熟),取出放入汤碗。茉莉花入沸水内过一下消毒,放入盛鸡脯肉的碗内,并立即用沸滚的鸡汤冲入即可。

29. 奶油烙土鸡片

【原料】熟土鸡肉200克,牛奶150克,汤汁150克,炒面25克,黄油15克,精盐、味精适量。

【做法】①鸡肉切片。②牛奶和汤汁放锅内置火上烧至微沸,加入炒面酱(面粉在锅内用油炒至微黄即成)用筷子搅打均匀,边烧边打,见稠厚成浆糊状时,加入精盐和味精调味。③将一部分上述奶油糊装入内壁涂油的烤盘内,放入备用的鸡片,再浇上余下的奶油糊,放入黄油,进箱烤 10 分钟(200 ℃),见表面呈淡褐色时取出即成。

30. 清蒸滑土鸡

【原料】嫩土鸡肉 200 克,水发冬菇 15 克,荸荠粉、白糖、黄酒、味精、姜片、白酱油、生油适量。

【做法】①土鸡肉切块,和荸荠粉、白糖、白酱油、黄酒、味精等调拌均匀,放在盘内。②冬菇切片,同姜片放在鸡块上,用旺火蒸约 15 分钟可熟(鸡肉块不要蒸得太老),蒸熟后取出,将生油烧热浇上即可。

31. 葱油土鸡

【原料】嫩土鸡、葱、姜、酒、盐、味精、熟油。

【做法】①土鸡洗净斩块,葱姜分别切丝。②用酒、盐、味精加入鸡块拌和。③装盆撒上葱姜丝,并淋上熟油,加盖用武火蒸 6 分钟即可。

32. 炖子母土鸡

【原料】土鸡 1 只,土鸡蛋 12 只,姜块 1 个,葱结 2 个,精盐、黄酒适量,酱油、味精少许。

【做法】①将土鸡头入水中闷死,干拔毛,镊净。入水中漂洗 1 次,剖腹去内脏,洗净,捞起,剁去脚爪、翼尖,入沸水锅中焯透,捞起,再洗净,放入干净的沙锅中,加清水淹没,放入葱、姜,上火烧沸,再转小火炖。②将土鸡蛋入水锅中煮熟,捞出,剥去壳,放入沙锅中,加黄酒、精盐、味精炖至鸡肉酥烂时,即可离火食用。

33. 粉皮拌土鸡丝

【原料】土鸡脯肉 250 克,粉皮 300 克,蛋白 1 只,精盐、水淀粉和味精各适量,酱油、麻油各少许。

【做法】将土鸡脯肉去皮除筋，切成鸡丝，将粉皮切成条。把鸡丝放入盛器内，加入蛋白、精盐、水淀粉和味精上浆后，放入沸水中烫熟后捞出（鸡丝应尽量烫得嫩一点），沥干水分后备用。把粉皮条放入沸水中一烫后捞出沥干水分后，装入盆内，上面放上熟鸡丝后，放入冰箱至凉，待凉透后，浇上用精盐、酱油和麻油调和的调味汁，即可食用。

34. 芙蓉素土鸡片

【材料】土鸡蛋 6 个，豆腐 1 块，冬菇片、笋片、荷兰豆、胡椒粉、盐、味精、淀粉、白糖、汤汁各适量。

【做法】①将土鸡蛋去黄留清置碗中，用竹筷搅打至起泡。豆腐去皮捣烂，用洁布包裹，绞去水分，与水淀粉、盐、味精、胡椒粉、汤汁同置于打好的鸡蛋清中，混合调匀成蛋清糊状。②将锅烧到极热，再放入适量的油烧滚，用勺舀起蛋清糊盘旋倾入锅内烙熟成白色，取出沥去油分。③原锅留油少许，下笋片、冬菇片炒片刻，即将汤汁、味精、胡椒粉、荷兰豆和水淀粉加入搅匀，迅速放入熟蛋片，翻炒一下，迅速起锅。鸡蛋清要搅打上劲。一定要用旺火把油锅烧沸，用勺舀起蛋清盘旋倾入锅内。

35. 蛋白土鸡片

【原料】鸡蛋 8 只，熟土鸡片 50 克，火腿片 25 克，菠菜心 25 克，黄酒 15 克，精盐 3 克，虾籽 1 克，猪油 50 克，淀粉 10 克，鸡汤 250 克。

【做法】①鸡蛋入水锅中，上火煮熟，然后剥去壳，一切二片，去黄，留蛋白，入水中洗净，捞起，再改刀成块。②锅上火，下猪油烧热，放入火腿片、虾籽略炸，倒入鸡汤，下鸡片、蛋白、黄酒烧沸片刻，加入精盐、菠菜心烧入味，用水淀粉勾薄芡，起锅装盘即可。水淀粉勾芡一定要薄一些。

36. 炒土鸡杂

【原料】土鸡心、肝 250 克，芹菜 250 克，植物油、精盐、味精、酱油、糖、淀粉、葱姜末、黄酒适量。

【做法】①芹菜削头、去叶，洗净，切成 1 寸长段。鸡心、肝切成片置碗内，放入适量精盐、味精、干淀粉略拌上浆。②炒锅内放油 25 克，待油热后，放入姜葱末煸炒起香，下鸡杂煸炒至 6 成熟，盛入碗内。炒锅内再放油适量，油热，放入芹菜略炒，倒入鸡杂，加入适量白糖、味精、酱油、略翻炒，装盘即可。芹菜不宜炒得太熟。

37. 长征土鸡

【原料】嫩仔土鸡 1000 克，干辣椒、香醋、葱姜、黄酒、精盐、辣油、酱油、鸡蛋清、白糖、干淀粉适量。

【做法】①土鸡拆肌，切成小方块，两面开花刀。用鸡蛋清、盐和淀粉搅匀，抹在鸡块上，下猪油锅炸熟后，倒入漏斗内。②将干辣椒炒香，再将鸡肉和葱、姜、酱油、糖、醋、味精、黄酒、辣油等佐料倒入。炒时火要旺一些。

38. 炒土鸡丁

【原料】净土鸡肉 250 克，鸡蛋 1 只，青椒 50 克，植物油、淀粉、精盐、黄酒、味精适量。

【做法】①土鸡肉用刀背捶后斩成蚕豆大的丁，放入盆内，加入适量黄酒、味精、精盐、蛋清、干淀粉抓拌上浆待用。青椒切成蚕豆大的丁。②炒锅放油，烧至五、六成熟，倒入鸡丁，搅散，待鸡丁呈白色，捞出沥干油待用。③炒锅内放油 25 克，待油热后，放入青椒略煸炒，倒入鸡丁，加入适量精盐、味精、鸡汤，用湿淀粉勾芡，翻炒几下，装盘即成。干淀粉上浆时，一定要抓拌均匀，此外还要掌握好油温和火候。

39. 栗子黄焖鸡

【原料】嫩光土鸡 500 克，栗子 330 克，葱、姜末、白糖各 3.3 克，糯米酒、酱油各 10 克，鲜味王 0.67 克，熟清油 50 克左右，精制盐适量，香麻油少许。

【做法】①栗子切开，放水锅内略烧煮，捞出趁热剥去壳和衣，备用；鸡斩成方块。②炒锅放旺火上，下熟清油 30 克左右烧热，先下葱、姜煸香，再下鸡块煸炒至肉收缩，加糯米酒、酱油、白糖、沸水 130 克左右，烧沸后，改用中小火，盖上锅盖，焖烧 10 分钟左右，再加栗子，同焖 5～6 分钟，至鸡酥栗糯，改用旺火稠汁，再加熟清油翻匀盛出。鸡块酥嫩，栗子糯香。

40. 炒雏鸡

【原料】净雏鸡（1 只）600 克，鲜辣椒 100 克，葱、蒜、油、酱油、盐、味精各适量。

【做法】①雏鸡去头、爪、腔尖、翅尖，剁成条；将辣椒去蒂籽洗净，切成条；葱、蒜去皮洗净切末。②取炒勺置火上，添油 400 克，烧至六成热，将鸡条投入炸至六成熟，捞出。③勺内留油 50 克，用葱蒜爆锅，加辣椒煸炒，再加入鸡条继续煸炒，烹入酱油，加盐、味精，炒熟即可。

41. 麻辣仔鸡

【原料】仔土鸡一只（750 克），鲜红辣椒 100 克，绍酒、青蒜各 15 克，花椒、味精、精盐各 1 克，醋 10 克，酱油 20 克，湿淀粉 25 克，芝麻油 5 克，熟猪油 1 千克（耗约 100 克）。

【做法】①活鸡宰杀放血去毛后，从背部切开取内脏及嗉囊，内外洗净，斩去头、颈、脚爪作他用，再剔除全部粗细骨。鸡肉按 3 毫米距离横直打花刀，切成 1.7 厘米见方的丁，盛入碗内，加酱油 5 克，湿淀粉 15 克及绍酒，反复抓匀。②红辣椒去蒂、籽洗净，切成 1.3 厘米见方的小片;花椒拍碎;青蒜切 1 厘米长的斜段。③炒锅置旺火上,放入猪油,烧至七成熟时,下入鸡丁推散,约20 秒钟,用漏勺捞起。待油温回升至七成熟时,再下鸡丁炸成金黄色,连油倒入漏勺。④炒锅内留底油 50 克,烧至六成热时,下入红辣椒、花椒及精盐,略炒几下,倒入鸡丁同炒,加入醋、酱油各15 克,用湿淀粉 10 克勾芡,持锅颠两下,出锅盛盘,淋入芝麻油即成。色泽金黄,外酥内嫩,鲜香麻辣。

42. 陈皮烧鸡

【原料】母鸡 1 只(1.5 千克),花生油 1250 克(耗 125 克),酱油、料酒、白糖各 75 克,陈皮、香葱、辣油各 25 克,生姜 15 克,干辣椒 4 只,味精、精盐各 1 克,麻油 10 克,清汤 1 千克。

【做法】①活嫩母鸡宰杀以后,用 80 ℃热水烫鸡,拔光鸡毛,挖净全部内脏和食管,斩去鸡肢爪,用清水洗净,沥干水分。②炒锅放在炉灶上烧热,倒入花生油,用旺火把油锅烧热,而后在鸡皮上用酱油均匀地涂 1 遍,放进油锅里炸,炸成金黄色时,连油一起倒入漏勺内沥去油。③油锅放回到炉灶上,投进香葱、生姜煸炒几下,把鸡放入锅里,舀入清汤,放进陈皮、料酒、酱油、白糖、味精、干辣椒用旺火烧沸,此后转移到文火上烧,15 分钟以后把锅里的鸡翻个身,继续用文火烧 10 分钟左右,用手指在鸡翅膀上掐一下,有七成酥烂时倒入辣油,用旺火烧,使鸡汁稠浓,淋入麻油出锅,放于盛具中,斩件装入盘内,或凉后拆去鸡骨装小碟。色泽金黄色,肉质鲜嫩,橘香开胃,甜辣可口,风味别致。

43. 牛奶根炖鸡

【原料】土鸡 1 只(1.5 千克),牛奶根 75 克,生姜、糯米酒、精制盐适量。

【做法】活鸡放血宰杀去毛去内脏后,将鸡斩成方块,放入沸水烧沸 2 分钟后捞出。肉质鲜嫩,风味别致。

44. 香菇炖鸡

【原料】土鸡 1 只,香菇 70 克,葱、姜、花椒、大料、油、酱油、盐、糯米酒、清汤、香菜各适量。

【做法】①鸡洗净,去内脏,剁掉头、爪、切去腔尖。②将香菇用温水泡好,去蒂洗净,大者用刀片开,葱、姜洗净,用刀略拍。③将一部分葱、姜、香菇、花椒、大料塞入鸡腹内。取锅 1 只,添入清汤,加酱油、盐、糯米酒、葱、姜、花椒、大料,再将鸡放入,旺火烧开,改用小火炖制,约 1 小时至鸡熟烂,撒入香菜即可。色泽银红,鲜香浓郁。

二、土鸡药膳

1. 三仙土鸡

【原料】母土鸡 1 只,黄芪 50 克,当归 30 克,党参 30 克,葱、姜、糯米酒、盐各适量。

【做法】将鸡整理干净,把黄芪、当归、党参放入鸡腹内。鸡放入沙锅内,加入调料及水适量,用文火煨,直至鸡肉熟烂。

【食法】吃肉喝汤,可分餐食用。

【功效】治慢性肝炎。

2. 公土鸡炖荸荠

【原料】公土鸡 1 只,荸荠 500~1000 克。

【做法】将鸡整理干净,与荸荠共入锅中,同炖至鸡肉烂熟。

【食法】喝汤,吃鸡肉、荸荠,每周 1 次。

【功效】治慢性肝炎、肝硬。

3. 红枣冰糖炖母土鸡

【原料】母土鸡(未生蛋的鸡)1 只,红枣适量,冰糖少许。

【做法】将红枣洗净,母鸡开膛并洗净。鸡腹内装入红枣、冰糖后用线缝合,入沙锅内炖熟。

【食法】佐餐食用。

【功效】治体弱。

4. 公土鸡炖酒

【原料】公土鸡1只(约重600克),糯米酒500毫升,食油50毫升,姜2克,葱2克,盐2克。

【做法】将公土鸡整理干净,切块。锅中放油和少许调料,将鸡块炒至八成熟,然后盛大碗内,加糯米酒,隔水炖熟。

【食法】佐餐食用,每周食鸡1只。

【功效】治早泄。

5. 鸡丝烩豌豆

【原料】土鸡肉100克,嫩豌豆150克,糯米酒20毫升,葱10克,姜5克,盐1.5克,高汤适量。

【做法】将鸡肉切细丝,与糯米酒、葱、姜、盐搅拌均匀;淀粉加水,调汁待用;豌豆剥好洗净。将油烧热,放入盐,倒入豌豆略炒,再把鸡丝倒入急炒几下,加肉汤或开水50~100毫升,焖烧15分钟,用淀粉勾芡,烧熟即成。

【食法】佐餐食用。

【功效】降压除脂。

6. 鸡肉焖天麻

【原料】母土鸡1只(约1500克),天麻15克,清汤800~1000毫升,葱10克,姜5克。

【做法】天麻洗净,切薄片,上笼蒸8分钟备用。将鸡整净后切块,下油锅煸炒一下,随即加葱、姜煸出香味,加入清汤小火焖1小时后,再加天麻,小火烧5分钟即可。天麻不可早加,其有效成分会因加热过度而损失。

【食法】吃肉喝汤，一只鸡分 2 天吃完，连吃 2 只鸡。

【功效】治高血压。

7. 五圆全土鸡

【原料】母土鸡 1 只，桂圆、荔枝、黑枣、莲子、枸杞各 15 克，冰糖 30 克，盐、胡椒粉各适量。

【做法】将鸡整理干净；桂圆、荔枝去壳；莲子去心；黑枣洗净。将桂圆等与整只鸡放入大瓷盆中，盆内加入冰糖、盐以及水 1000 毫升，上笼蒸 2 小时后，放入洗净的枸杞再蒸 5 分钟，取出后撒上胡椒粉。

【食法】经期佐餐食用。

【功效】调经止血。

8. 人参补气鸡

【原料】母土鸡 1 只，人参 5 克，黄芪 30 克，白术 15 克，当归 15 克，柴胡 10 克，陈皮 10 克，甘草 5 克。细盐、糯米酒、生姜末及丝、葱、酱油、香油各适量。

【做法】①人参置清水中浸泡 60 分钟，然后置瓦罐中文火炖 60 分钟，取头汁；再加水，文火炖 40 分钟，取二汁。将头汁与二汁对和在一起，备用。②将黄芪、白术、当归、柴胡、陈皮、甘草装入干净纱布袋中，扎口。③宰杀母鸡，去毛、血、内脏，洗净，放沸水中烫 2 分钟，捞出，沥水，切块。④将鸡块、药袋置沙锅内，加清水，先用旺火煮沸，捞去浮沫，加糯米酒、细盐、生姜末、葱段，改文火，再煨 60 分钟。

【食法】倒出鸡汤汁，与人参汤兑好，1 次喝完；鸡肉放盘中，加些酱油、香油、葱、生姜丝，拌匀，佐菜吃。

【功效】补气益血，滋肾固脱功效。适合于气虚型的堕胎或小产后病人食用。

9. 八珍土鸡

【原料】老母土鸡 1 只,西党参、川杜仲各 15 克,白茯苓 12 克,炙甘草 5 克,熟地黄、当归身、白芍、炒白术各 10 克,瘦猪肉 250 克,葱、细盐、生姜末、糯米酒各适量。

【做法】①宰杀老母鸡,去血、毛、内脏、洗净,放沸水中烫 2 分钟,捞出,沥水。②洗净猪肉,切块。将西党参、白茯苓、炙甘草、熟地黄、当归、白芍、炒白术、川杜仲洗净,装入干净纱布袋内,扎口。③将鸡、猪肉、药袋共放入大沙锅中,加清水,先用旺火烧开,捞去浮沫;加入少量生姜末、葱、糯米酒及细盐,改用文火煨 60 分钟,起锅。

【食法】将药袋捞出,喝汤、吃鸡肉、猪肉,每天作为 3 餐的菜肴。鲜美可口、汁浓味香、营养丰富。

【功效】具有益气补血,固肾安胎功效。气血两虚型的胎动不安患者服用此菜,大有裨益。习惯性流产者在怀孕早期还未出现先兆流产病症之前服用此菜,有预防作用。

10. 枸杞炖鸡

【原料】母土鸡 1 只,枸杞 50 克,生姜、精盐、糯米酒各少许,鸡油 100 克。

【做法】①枸杞子浸泡后,洗净。净鸡放入沸水锅内焯透捞出,洗净。②取沙锅上火,放入鸡、清水,煮沸后撇去浮沫,加入枸杞子、生姜、精盐、糯米酒、鸡油,盖上锅盖,改用小火炖约 2 小时,至鸡肉酥烂即成。

【食法】鸡肉酥烂,汤鲜味醇,食肉喝汤。

【功效】具有补肝肾,益精血功效。适用于肝肾不足、精血亏损、腰膝酸软、头昏耳鸣、久病体虚及气血亏虚者食用。又能滋补强壮,体质湿热病症者不宜食用。

11. 参归炖母鸡

【原料】母土鸡 1 只,党参、当归各 15 克,葱、姜、胡椒粉、糯米酒、盐各适量。

【做法】①将党参、当归装入纱布袋内,葱切成段,姜切成片,备用。②鸡洗净,将药袋塞入鸡腹内,然后一并放入沙锅内,加入适量水,加入葱段、姜片、胡椒粉、盐、糯米酒。③沙锅置火上,用武火煮沸后改用文火煨炖至鸡肉熟烂即成。

【食法】佐餐食,食鸡肉、喝汤。

【功效】具有益气补血功效。适用于面色苍白,神疲乏力,妇女月经量少色淡,甚至闭经,心悸,失眠,自汗,食欲不振等气血不足症。健康人常服可增强体质。

12. 鹿尾炖公鸡

【原料】鹿尾 1.5 克,小公鸡 1 只,糯米酒、酱油、姜、葱各适量。

【做法】①刮去鹿尾上的毛,洗净,切片。②活杀公鸡,去毛和内脏,洗净,加佐料及适量水,将鹿尾置于鸡腹内,同炖熟。

【食法】喝汤,吃鸡肉。每周服 1~2 次。

【功效】壮阳固精,补肾填髓功效。适用于男性命门火衰所致的中老年性机能减退或畏寒肢冷,齿枯脱发。

13. 何首乌炖鸡

【原料】母土鸡 1 只,何首乌 30 克,葱、姜、糯米酒、盐各适量。

【做法】①鸡宰杀后,去毛及内脏洗净。②何首乌捣碎,装入纱布袋。葱切段、姜切片,备用。③将药袋塞入鸡腹内,然后将鸡放入沙锅内,放入葱段、姜片,加水适量,放入盐、糯米酒,用武火烧开,撇去浮沫,改用文火炖至鸡肉熟烂,取出药袋即成。

【食法】佐餐食,食鸡肉、喝汤。

【功效】具有益气养血。适用于面色苍白、倦怠乏力，自汗，头晕目眩，心悸失眠，健忘等气血不足症。可见于神经衰弱，贫血等。健康人常服可增强记忆力。

14. 山苍子根炖鸡

【原料】土鸡一只（1.5 千克），山苍子根 50 克，山茶油 50 克左右，生姜、糯米酒、精制盐适量。

【做法】①活鸡宰杀放血去毛去内脏后，将鸡斩成方块，山苍子根切片备用。②锅放旺火上，下入茶油 50 克左右烧热，先下姜煸香，再下鸡块煸炒，加精盐、糯米酒焖至八成熟，再加沸水烧沸后，起锅放入沙锅中，放入山苍子根，改用文火炖至鸡肉熟烂即成。

【食法】肉质鲜嫩，汤鲜味醇。食鸡肉、喝汤。

【功效】具有益气补血去伤功效，妇女产后适用。

附录1 东阳市无公害土鸡生产地方标准

第1部分 产地环境标准

（略）

第2部分 饲养管理准则

1 范 围

DB330783/T016 的本部分规定了无公害土鸡饲养的术语和定义、要求、禽舍设备卫生条件、肉鸡饲养技术、蛋鸡饲养技术和生产记录。

本部分适用于无公害土鸡的饲养管理。

2 规范性引用文件

下列文件中的条款通过 DB330783/T016 的本部分的引用而成为本部分的条款。凡是注日期的引用文件,其随后所有的修改单(不包括勘误的内容)或修订版均不适用于本部分,然而,鼓励根据本部分达成协议的各方研究是否可使用这些文件的最新版本。凡是不注日期的引用文件,其最新版本适用于本部分。

GB2748—1996　鸡蛋卫生标准

GB3095—1996　环境空气质量标准

GB16549—1996　畜禽产地检疫规范

GB16567—1996　种畜禽调运检疫技术规范

SB/T10277　鲜鸡蛋

NY/T388—1999　畜禽场环境质量标准

NY 5027—2001　畜禽饮用水水质

NY 5035—2001　无公害食品　肉鸡饲养兽药使用准则

NY 5037—2001　无公害食品　肉鸡饲养饲料使用准则

NY 5040—2001　无公害食品　蛋鸡饲养兽药使用准则

NY 5041—2001　无公害食品　蛋鸡饲养兽医防疫准则

NY 5042—2001　无公害食品　蛋鸡饲养饲料使用准则

DB330783/T016.1—2003　无公害土鸡　第1部分　产地环境标准

DB330783/T016.3—2003　无公害土鸡　第3部分　疾病防治准则

DB330783/T016.4—2003　无公害土鸡　第4部分　商品鸡、鸡肉、鸡蛋安全卫生标准

3　术语和定义

下列术语和定义适用于 DB 330783/T016 的本部分。

3.1　雏鸡

指出壳后至 28 日龄的小鸡。

3.2　开饮

指雏鸡第一次饮水。

3.3　开食

指雏鸡第一次给料。

4　要　　求

4.1　产地环境质量

鸡场周围环境质量应符合 NY/T 388 的要求。空气质量应符合 GB 3095 标准的要求。鸡场排放的废弃物实行减量化、无害化、资源化原则处理。

4.2　品种选择和引种

4.2.1　无公害土鸡品种选择适宜野外放养的适应性强的地方良种，如仙居三黄鸡、河北三黄鸡、固始鸡等。

4.2.2　雏鸡应来自有种鸡生产许可证，且无鸡白痢、新城疫、禽流感、支原体、禽结核、白血病的种鸡场。一栋鸡舍或全场的所有鸡应来源于同一种鸡场。

4.2.3　雏鸡要求体重在 28 克以上，绒毛整洁、色泽鲜亮，卵黄吸收充分，腹部柔软有弹性，脐部收缩良好，双眼有神，精神活泼,两脚立地稳健,抓在手中饱满,挣扎有力,叫声清脆,胫、趾和喙呈淡黄色。

4.2.4 雏鸡在发送前按 GB 16549 规定进行检疫,接种马立克疫苗,办理畜禽运输检疫证,运载工具和车辆按 GB 16567 规定进行消毒。

4.3 饮水质量

水质应符合 NY 5027 的要求。

4.4 喂料要求

4.4.1 育雏鸡的要求:肉鸡饲料使用应符合 NY 5037 的要求。蛋鸡饲料应符合 NY 5042 的要求。使用的饲料原料要新鲜,无发霉、变质、结块、异味及异臭。

4.4.2 野外放养阶段的补喂饲料

土鸡饲料要求采用"前期(30 日龄内)舍内育雏,后期野外放养"的饲养方法。野外放养阶段补喂的饲料应以玉米、稻谷、豆饼粕等原料为补喂料,平均每羽每天补喂料 50 克。补喂料中不使用任何添加剂,特别是药物添加剂(中草药有特殊规定的除外)。

4.5 兽药使用和防疫

按 DB 330783/T 016.3 的要求执行。

5 禽舍设备卫生条件

5.1 消毒剂选择

消毒剂要选择广谱、高效、低毒产品。消毒剂成分不会在鸡肉、鸡蛋里产生有害积累,应符合 NY 5040 和 NY 5035 的规定。灭虫、灭鼠应选择符合农药管理条例规定的菊酯类杀虫剂和抗凝血类杀虫剂。

5.2　育雏室消毒

进鸡前 10～15 天育雏室应彻底清洗打扫干净,再用 0.1％的新洁尔灭或 4％来苏儿或 0.2％过氧乙酸等消毒液全面喷洒。多次饲养的强化消毒、泼湿地面、墙壁,关闭门窗,用福尔马林熏蒸 24 小时消毒。再用 1％～2％氢氧化钠或百毒杀、氯毒杀等消毒液喷洒。

5.3　环境消毒

鸡舍周围环境每个月用 2％烧碱消毒或撒生石灰一次,场周围及场内污水池、排粪坑、下水道出口,每隔 1～2 个月用漂白粉或生石灰消毒一次,门口消毒池用 2％烧碱消毒。

5.4　人员消毒

工作人员要求健康,进场应更换干净的工作服和工作鞋,脚踏设在门口的消毒池,消毒池内用 2％～5％的漂白粉澄清液。外来人员及车辆进场都应经过消毒,不得随意进场。

5.5　用具消毒

喂料器、饮水器、蛋箱、蛋盘等用具应定期消毒,消毒药可用 0.1％新洁尔灭或 0.2％～0.5％过氧乙酸。

5.6　带鸡消毒

定期进行带鸡消毒,带鸡消毒用药可选 0.1％新洁尔灭、0.3％过氧乙酸、百毒杀等。带鸡消毒时鸡舍内应无鸡蛋,以免消毒液喷洒到鸡蛋。

6 肉鸡饲养技术

6.1 育雏期(1~28 日龄)

6.1.1 温度

进雏前 24 小时给育雏室预热,要求进鸡后第一周室温达到 28 ℃。育雏器内温度达到 32~35 ℃。1 周以后每周下降 2~3 ℃,直至自然温度,最佳温度的控制以鸡的活动情况而确定,灵活掌握。

6.1.2 湿度

10 日龄以内相对湿度控制在 65%~70%。

10 日龄以上相对湿度控制在 60%~65%。

6.1.3 通风

保证空气新鲜,调节舍内温度、湿度,降低舍内废气浓度,当通风和保温矛盾时,在保持适当温度前提下尽量多通风。

6.1.4 饲养密度

2 周龄前 30 只/m²;3~4 周龄 20 只/m²~25 只/m²。

6.1.5 光照

1~6 日龄,光照时间 20~24 h,光照强度 10~12 lx;7 日龄后每周递减 2~3 h;直至自然光。

6.1.6 开饮

在出壳 24 h 内保证每只鸡饮到水,20 日龄内用 18~20 ℃ 温水。

6.1.7 开食

饮水后,大部分鸡表现强烈食欲时开食,用干湿料。

6.1.8 饲喂

以少喂勤添为原则,要尽量使雏鸡多吃料,1 周内 8~10 次/天,

1 周后 4～6 次/天。

6.1.9　补喂沙砾

开食后 5 日龄起开始每周补喂一次沙砾。

6.2　放养期（公鸡 29～180 日龄±10 日龄、母鸡
29～300 日龄±10 日龄）

6.2.1　放养场地

放养场地应选在地势较高、较平坦、向阳、有一定的遮荫处，并
有一定的雨后不积水的连片茶、竹、果、桑园及经济林、荒山荒坡；
有洁净卫生的水源，环境清静，隔离条件好，交通较方便。

6.2.2　场地净化

每放养一批鸡后，场地要用 20% 石灰水消毒，然后翻土，空闲
15 天自然净化。

6.2.3　放养密度

每算放养场地不超过 100 只。

6.2.4　饲喂

放养期间以野外采食为主，补喂饲料应用玉米、稻谷、豆饼粕
等原粮每只鸡每天 45～55 g，另外根据情况再补喂一定的青绿多
汁饲料。

7　蛋鸡饲养技术

7.1　育雏期、放养期

按 DB 330783/T 016.2 的 6.1、6.2 条款要求进行。

7.2　断喙要求

首次断喙时间 7 日龄，断喙前后 2 天饲料或饮水中加维生素
K_3，修喙在 80～100 日龄。

7.3 鸡蛋收集和消毒

7.3.1 盛放鸡蛋的蛋箱或蛋托应经过消毒。

7.3.2 集蛋人员集蛋前应洗手消毒。

7.3.3 集蛋时将破蛋、沙皮蛋、软蛋、特大蛋、特小蛋单独存放,不作为鲜蛋销售,可用于蛋品加工。

7.3.4 鸡蛋在鸡舍内暴露时间越少越好,从鸡蛋产出到蛋库保存不得越过 2 h。

7.3.5 鸡蛋收集后即用福尔马林熏蒸消毒,消毒后送蛋库保存。

7.3.6 鸡蛋应符合蛋卫生标准 GB 2748 和鲜鸡蛋 SB/T 1027 的要求。

8 生产记录

根据不同土鸡品种建立相应生产记录档案,内容包括雏鸡购入到销售过程中数量、日期、发病、治疗、死亡数、死亡原因、温度、湿度、免疫、消毒用药、饲料来源,配方及各种添加剂使用情况,出场、销售等记录,记录应保存 2 年以上。

第 3 部分   疾病防治准则

1 范 围

DB 330783/T 016 的本部分规定了无公害土鸡疾病的术语和

定义、疾病防治、兽药使用准则。

本部分适用于无公害土鸡的疾病防治。

2 规范性引用文件

下列文件中的条款通过 DB 330783/T 016 本部分的引用而成为本部分的条款。凡是注日期的引用文件,其随后所有的修改单(不包括勘误的内容)或修订均不适用于本部分,然而,鼓励根据本部分达成协议的各方研究是否可使用这些文件的最新版本。凡是不注日期的引用文件,其最新版本适用于本部分。

GB/T 388—1999　畜禽场环境质量标准

GB 16548—1996　畜禽病害肉尸及其产品无害化处理规程

GB/T 16569—1996　畜禽产品消毒规范

NY 5027—2001　无公害食品　畜禽饮用水水质

NY 5035—2001　无公害食品　肉鸡饲养兽药使用准则

NY 5037—2001　无公害食品　肉鸡饲养饲料使用准则

NY/T 5038—2001　无公害食品　肉鸡饲养管理准则

NY 5040—2001　无公害食品　蛋鸡饲养兽药使用准则

NY 5042—2001　无公害食品　蛋鸡饲养饲料使用准则

NY/T 5043→2001　无公害食品　蛋鸡饲养管理准则

DB 330783/T016.1—2003　无公害土鸡　第 1 部分　产地环境标准

DB 330783/T016.2—2003　无公害土鸡　第 2 部分　饲养管理准则

DB 330783/T016.4—2003　无公害土鸡　第 4 部分　商品鸡、鸡肉、鸡蛋安全卫生标准

食品动物禁用的兽药及其他化合物清单。

禁止在饲料和动物饮用水中使用的药物品种目录。

3 术语和定义

下列术语和定义适用于 DB 330783/T 016 的本部分。

3.1 兽药

用于预防、治疗和诊断动物疾病,有目的调节其生理机能并规定作用、用途、用法、用量的物质。包括:抗菌药、抗寄生虫药、疫苗、消毒剂、含药物饲料添加剂等。

3.2 全进全出

养殖场(舍)只饲养同一批次的鸡,同批进、出场的管理制度。

3.3 休药期

食品动物从停止给药到可屠宰或其产品(蛋、乳)许可上市的间隔时间。

4 疾病防治

4.1 鸡场的卫生条件

4.1.1 鸡场的环境质量应符合 NY/T 388 的要求。

4.1.2 鸡场应坚持"全进全出"的原则。

4.1.3 鸡场的饮用水应符合 NY 5027 的要求。

4.1.4 鸡的饲养管理应符合 NY/T 5038、NY/T 5043 的要求。

4.1.5 鸡的消毒和病害肉尸的无害化处理应符合 GB/T 16569 和 GB 16548 的要求。

4.2 饲养要求

4.2.1 鸡场应根据《中华人民共和国动物防疫法》及其配套

法规的要求，结合当地实际情况，有选择地进行疫病的预防接种工作，使用的疫苗要符合 NY 5040 的规定，并注意适宜的疫苗、免疫程序和免疫办法。

4.2.2 鸡的免疫程序（见表1）。

表1 鸡的免疫程序

疫苗接种日龄	疫苗名称	接种方法
1 日龄	鸡马立克病疫苗(CVI—988 或 HVT)	皮下或肌内注射（孵坊内完成）
5～7 日龄	鸡新城疫 IV 系苗、传染性支气管炎 H120 株病苗	滴鼻或饮水
8～10 日龄	鸡传染性法氏囊病弱毒苗	饮水或滴鼻
21 日龄	鸡传染性法氏囊病弱毒苗、鸡新城疫 IV 系苗	饮水
30 日龄	鸡痘活疫苗	翅下刺种
35 日龄	鸡传染性支气管炎 H52 弱毒苗	饮水
60 日龄	鸡新城疫 IV 系苗	饮水
产蛋鸡	鸡新城疫 IV 系苗	滴鼻或喷雾
开产前 2 周	鸡新城疫、减蛋综合征、鸡传染性支气管炎三联灭活苗	皮下或肌内注射
30 周	新城疫 IV 系弱毒苗	点眼或喷雾

4.3 疫病的控制和扑杀

鸡场发生疫病或怀疑发生疫病时应迅速向当地动物防疫监督机构报告疫情，并接受当地动物防疫机构的指导，采取隔离、消毒、确诊、紧急接种、药物治疗。病死或淘汰鸡按 GB 16548 规定采取无害化处理等紧急措施。

4.4　兽药使用准则

鸡场在必须使用兽药时,应在兽医指导下进行。应先确定致病菌的种类,选择疗效好、毒副作用小、少受配伍禁忌限制、来源充足、使用方便、成本低廉的药品,避免滥用药物。在使用兽药时除了必须符合 NY 5035、NY 5040 的规定之外,还应遵循以下原则:

4.4.1　消毒剂使用

允许使用消毒剂对饲养环境、禽舍和器具进行消毒;产蛋期禁止使用酚类、醛类消毒剂。

4.4.2　兽药使用

允许使用 NY 5035、NY 5040 附录 A 中的所列药物,但也应注意以下几点:

4.4.2.1　治疗药物应在兽医指导下使用。

4.4.2.2　应严格遵守规定的作用与用途、使用剂量、疗程、休药期。

4.4.2.3　NY 5035、NY 5040 表中所列药物未规定休药期的,休药期均不得少于 28 天。蛋不应少于 7 天。

4.4.2.4　禁止在整个产蛋期的鸡饲料中添加药物添加剂。必须使用治疗药物时,产蛋期内所产蛋不应作为无公害土鸡蛋出售。

4.4.2.5　禁止使用有致畸、致癌、致突变作用的兽药。

4.4.2.6　禁止使用农业部第 193 号公告《食品动物禁用的兽药及其他化合物清单》中所规定的兽药及其他化合物。

4.4.2.7　禁止使用农业部、卫生部、国家药品监督管理局第 176 号公告《禁止在饲料和动物饮用水中使用的药物品种目录》中规定的药物。

4.4.2.8　禁止在 1 月龄以后的土鸡饲料中添加药物,必须使用治疗药物时,所使用过药物的土鸡不得作为无公害土鸡出售。

4.4.2.9 禁止使用激素类或其他具有激素作用的物质及催眠镇静类药物。

4.4.2.10 禁止使用会对环境造成严重污染的兽药。

4.4.2.11 禁止使用未经国家批准的用基因工程方法生产的兽药。

4.4.2.12 兽药使用要作详细记录，并存档2年以上。

第4部分 商品鸡、鸡肉、鸡蛋安全卫生标准

1 范 围

DB 330783/T 016 的本部分规定了无公害土鸡商品的术语和定义、要求、试验方法、检验规则、标志、标签、包装、贮存和运输。

本部分适用于无公害土鸡的商品鸡、鸡肉、鸡蛋。

2 规范性引用文件

下列文件中的条款通过 DB 330783/T 016 的本部分的引用而成为本部分的条款。凡是注日期的引用文件，其随后所有的修改单（不包括勘误的内容）或修订版均不适用于本部分，然而，鼓励根据本部分达成协议的各方研究是否可使用这些文件的最新版本。凡是不注日期的引用文件，其最新版本适用于本部分。

GB 191—2000 包装储运图示标志

GB 4789.2—1994 食品卫生微生物学检验 菌落总数测定

GB 4789.3—1994　食品卫生微生物学检验　大肠菌群测定

GB 4789.4—1994　食品卫生微生物学检验　沙门菌测定

GB 4789.5—1994　食品卫生微生物学检验　志贺氏菌测定

GB 4789.10—1994　食品卫生微生物学检验　金黄色葡萄球菌检验

GB 4789.11—1994　食品卫生微生物学检验　溶血性链球菌检验

GB/T 5009.11—1996　食品中砷的测定方法

GB/T 5009.12—1996　食品中铅的测定方法

GB/T 5009.15—1996　食品中镉的测定方法

GB/T 5009.17—1996　食品中汞的测定方法

GB/T 5009.19—1996　食品中六六六、滴滴涕残留量的测定方法

GB/T 5009.44—1996　肉与肉制品卫生标准的分析方法

GB/T 5009.47—1996　蛋与蛋制品卫生标准的分析方法

GB/T 6388—1986　运输包装收发货标志

GB 7718　食品中标签通用标准

GB/T 14931.1　畜禽肉中土霉素、四环类、金霉素残留量测定（高效液相色谱法）

GB/T 14962—1994　食品中铬的测定方法

GB 16869　鲜、冻禽产品

NY 467　畜禽屠宰卫生检疫规范

NY 5028—2001　无公害食品　畜禽产品加工用水水质

NY 5029—2001　无公害食品　猪肉

NY 5034—2001　无公害食品　鸡肉

NY 5039—2001　无公害食品　鸡蛋

SY/T 0212.2 出口鸡肉中二氯二甲吡啶酚残留量检验方法（甲基化—气相色谱法）

DB 330783/T 016.1—2003 无公害土鸡 第1部分 产地环境标准

DB 330783/T 016.2—2003 无公害土鸡 第2部分 饲养管理准则

DB 330783/T 016.3—2003 无公害土鸡 第3部分 疾病防治准则

3 术语和定义

下列术语和定义适用于 DB 330783/T 016 的本部分。

4 要 求

4.1 活鸡

4.1.1 外貌特征

羽毛紧凑、头大小适中、尾羽高翘、体型呈元宝状、胫细、全身羽毛、胫、趾、喙为黄色。

4.1.2 饲养指标

饲养（180±10）天，公鸡体重1500～2000 g，母鸡体重1250～1500 g。

4.1.3 屠宰率

87%～88.5%

4.2 鸡肉

4.2.1 屠宰加工

活鸡屠宰按 NY 467 要求，经检疫合格后，再进行加工，加工过程中不使用任何化学合成防腐剂、添加剂及人工色素。从活鸡放血至加工到真空包装入冷库时间不超过2小时，冷藏温度0～

5 ℃,保质期 15 天。冷冻时:其中心温度应在 12 小时内达到
—15 ℃以下。屠宰加工用水水质符合 NY 5028 的标准规定。

4.2.2　鸡肉感官要求

按 GB 16869 规定执行。色泽要求肉色正常,呈淡黄色;气味
要求无异常气味;组织形态要求完整,无羽毛、无血块及内脏;杂质
要求不得存在。

4.2.3　鸡肉理化指标

鸡肉理化指标,应符合表 2 规定。

表 2　鸡肉理化指标

项　　　目	指　　　标
解冻失水率,%	≤8
挥发性盐基氮,mg/100 g	≤15
汞(Hg),mg/kg	≤0.05
铅(Pb),mg/kg	≤0.5
砷(As),mg/kg	≤0.5
六六六,mg/kg	≤0.1
滴滴涕,mg/kg	≤0.1
金霉素,mg/kg	≤1
土霉素,mg/kg	≤0.1
磺胺类(以磺胺类总量计),mg/kg	≤0.1
呋喃唑酮,mg/kg	≤0.1
氯羟吡啶(克球酚),mg/kg	≤0.01

4.2.4　鸡肉微生物指标

鸡肉微生物指标按 NY5034 的要求,应符合表 3 规定。

表 3　无公害鸡肉微生物指标

项　目	指标
菌落总数,cfu/g	$\leqslant 5 \times 10^5$
大肠杆菌,MPN/100 g	$\leqslant 5 \times 10^5$
沙门菌	不得检出

4.3　鸡蛋

4.3.1　鸡蛋感官要求

蛋壳清洁完整,灯光透视时,整个蛋呈橘黄色至橙红色,蛋黄不见或略见阴影。打开后蛋黄凸起、完整,有韧性,蛋白澄清、透明,稀稠分明,无异味。

4.3.2　鸡蛋理化指标

鸡蛋理化指标按 NY5039 的要求,应符合表 4 规定。

表 4　无公害鸡蛋理化指标

项　目	指　标
汞(Hg),mg/kg	$\leqslant 0.03$
铅(Pb),mg/kg	$\leqslant 0.10$
砷(As),mg/kg	$\leqslant 0.50$
铬(Cr),mg/kg	$\leqslant 1.0$
镉(Cd),mg/kg	$\leqslant 0.05$
六六六,mg/kg	$\leqslant 0.20$
滴滴涕,mg/kg	$\leqslant 0.20$
金霉素,mg/kg	$\leqslant 1.00$
土霉素,mg/kg	$\leqslant 0.10$
磺胺类(以磺胺类总量计),mg/kg	$\leqslant 0.10$
呋喃唑酮,mg/kg	$\leqslant 0.10$

4.3.3　鸡蛋微生物指标

鸡蛋微生物指标按 NY 5039 的要求,应符合表 5 规定。

表 5　无公害鸡蛋微生物指标

项　　目	指标
菌落总数,cfu/g	$\leqslant 5 \times 10^4$
大肠杆菌,MPN/100 g	< 100
致病菌(沙门菌、志贺氏菌、葡萄球菌、溶血性链球菌)	不得检出

5　检验方法

5.1　鸡肉感官特性按 GB/T 5009.44 规定的方法检验。

5.2　鸡蛋感官检验按 GB/T 5009.47 规定的方法检验。

5.3　解冻失水率按 NY 5034 规定的方法检验。

5.4　挥发性盐基氮:按 GB/T 5009.44 中规定的方法测定。

5.5　汞:按 GB/T 5009.17 中规定的方法测定。

5.6　砷:按 GB/T 5009.11 中规定的方法测定。

5.7　铅:按 GB/T 5009.12 中规定的方法测定。

5.8　铬:按 GB/T 14962 中规定的方法测定。

5.9　镉:按 GB/T 5009.15 中规定的方法测定。

5.10　六六六、滴滴涕:按 GB/T 5009.19 中规定的方法测定。

5.11　土霉素、金霉素:按 GB/T 14931.1 中规定的方法测定。

5.12　磺胺类:按 NY 5029 中规定的方法测定。

5.13　呋喃唑酮:按 NY 5039 中规定的方法测定。

5.14　氯羟吡啶(又名二氯二甲吡啶酚、克球粉):按 SN/T 0212.2 中规定方法检验。

5.15　菌落总数:按 GB 4789.2 规定的方法检验。

5.16　大肠菌群:按 GB 4789.3 规定的方法检验。

5.17 沙门菌:按 GB 4789.4 规定的方法检验。

5.18 志贺氏菌、葡萄球菌、溶血性链球菌:按 GB 4789.5,GB 4789.10,GB 4789.11 规定执行。

6 检验规则

6.1 组批

每批投料的产品为一批次。

6.2 抽样

每批产品随机取样,鸡蛋一次抽样不少于 6 箱,每箱取蛋 3 枚,鸡肉随机抽样 5 千克。抽取样品分三份,一份做感官和理化检验,一份做微生物检验,一份留样备查。

6.3 检验分类

检验方法分出厂检验和型式检验。

6.3.1 出厂检验

6.3.1.1 每批产品必须按本标准规定进行检验,经检验合格后应附有质量合格证方可出厂。

6.3.1.2 出厂检验项目为 4.2.2、4.3.1。

6.3.2 型式检验

6.3.2.1 型式检验项目为 4.2.2、4.2.3、4.2.4、4.3.1、4.3.2、4.3.3。

6.3.2.2 有下列情况之一时,必须进行型式检验:

a)新产品定型鉴定时;

b)当原辅材料或工艺有较大变动时;

c)每年进行一次型式检验;

d)当供需双方发生质量争议时;

e) 当产品质量监督部门提出型式检验要求时。

6.4 判定规则

检验结果若有一项指标不合格,可重新自两倍量的包装中抽样复检,复检结果若仍有一项不合格,则判该批产品为不合格。但感官要求和微生物指标不合格不复检。

6.5 质量仲裁

6.5.1 受货方有权从该批产品中抽样按本规定进行检验,如有异议可共同协商解决。

6.5.2 当供需双方对产品质量发生争议时,由法定质量监督部门进行仲裁检验。

7 标志、包装、贮存、运输

7.1 标志

7.1.1 获得批准使用无公害农产品标志的畜禽产品,允许在其产品或包装上贴无公害农产品标志。

7.1.2 包装(销售)标志按 GB 7718 的规定执行,标明产品名称、产地、生产日期、保质期、企业标准代号、生产单位或经销单位。

7.1.3 外包装标志按 GB 191 和 GB/T 6388 的规定执行。

7.2 包装

包装材料应符合无公害食品卫生要求,全新、清洁、无毒无害。

7.3 贮存

冷藏鸡肉产品冷库温度 0~5 ℃保质期 15 天;冻鸡产品贮存冷冻库温度 −18 ℃以下,保质期 2 个月;鸡蛋贮存冷库温度 −1~

0 ℃,相对湿度 80%～90%。

7.4　运输

7.4.1　运输工具:清洁卫生、无异味,要防震、防日晒雨淋、防污染。装车前须按 GB 16567 的规定清洗消毒,并经当地检疫部门检查合格后,方可装车发运。

7.4.2　运出市境的鸡、蛋,起运前按 GB16567 检疫,检疫合格的办理畜禽运输检疫证方可出运。

附录 A 商品鸡日粮
营养的参考系数

表 A.1 商品鸡日粮营养参考系数表

项　　目	指　　标		
	0～30 日龄	31～140 日龄	141～上市
代谢能,kJ/kg	11531.7	11932.38	12979.08
粗蛋白,%	≥20.0	≥18	≥16
蛋氨酸,%	≥0.376	≥0.278	≥0.179
赖氨酸,%	≥1.020	≥0.706	≥0.4
钙,%	0.9～1.2	0.7～1.1	0.8～1.2
有效磷,%	≥0.51	≥0.55	≥0.55
食盐,%	0.37～0.4	0.37～0.5	0.37～0.4
蛋能比	72.7	63.2	51.6

注:各项营养成分含量均以 87.5%干物质为基础计算。

附录 B 蛋鸡的日粮
营养参考系数

表 B.1 蛋鸡日粮营养参考系数表

项　　目	指　　　　标			
	0~6 日龄	7~18 日龄	19~24 日龄	24 周以上
代谢能,kJ/kg	11932.38	11513.7	11513.7	11723.04
粗蛋白,%	≥19.5	≥14.5	≥15.5	≥16.5
蛋氨酸,%	≥0.34	≥0.32	≥0.2	≥0.2
赖氨酸,%	≥0.97	≥0.79	≥0.83	≥0.83
钙,%	0.9~1.0	0.75~0.9	0.6~0.75	3.5~4.0
有效磷,%	≥0.55	≥0.5	≥0.4	≥0.4
食盐,%	0.37~0.4	0.37~0.65	0.37~0.8	0.37~0.8
蛋能比	66.7	54.5	56.4	57.1

注:各项营养成分含量均以 87.5% 干物质为基础计算。

附录 2　鸡的手术

一、公鸡去势术

公鸡阉割后,长肉快、促进肥育、肉质好、节约饲料,而且能混群饲养,既可避免乱配而产生劣种,又有利于选育优良品种。

1. 阉鸡的年龄与时间

阉割公鸡在 3 月龄左右,体重 1 千克左右,以能鸣啼者为宜。公鸡过小睾丸也小,不易套取及阉净,阉后也影响发育;公鸡过大,睾丸根部血管粗大,锯断睾丸血管时,常致大出血,甚至死亡。阉鸡最适宜的气温 20～30 ℃,选在无风晴天进行,温度过高或过低施阉鸡术,均会引起伤口感染。

2. 药物

70%酒精棉,冷水 1 杯。

3. 器材

阉鸡器,包括阉鸡刀、扩创弓、扩创钳、睾丸勺、镊子、睾丸套等。

4. 阉割前的检查和准备

阉鸡前需要观察阉鸡有无疾病,如有疾病不宜阉割。健鸡与患病鸡可从精神、食欲和粪便等表现加以鉴别。如健鸡的鸡冠鲜红,头尾翘立,叫声洪亮,食欲旺盛,精神活泼,粪便呈灰褐色,其上覆有白色尿液。而病鸡冠苍白或紫黑、羽毛松弛,翘尾不垂,食欲差或不吃饲料、呆立、两眼紧闭、精神萎靡,早晨不离栖架或卧缩于角落或卧地不起,呼吸有声,张嘴扬脖,有的口腔有大量黏液,嗉囊充满气体。粪便稀呈黄、绿色、肛门附近粘有粪液等。

阉割前应禁食 12～24 小时,以防因肠道内容物过多而影响手术的顺利进行。同时,以右手压迫直肠,排出积粪。对大公鸡的阉割需要先喂几勺冷水,使血管收缩,然后再进行阉割,可减少出血死亡。此外,阉割前一天停止饲喂,仅饮水,以减少肠道的内容物有利于睾丸的摘除。

5. 方法及步骤

(1)局部解剖(附图 1):切口部位在右侧倒数第一、第二肋骨之间与髋关节水平线相交处上下,从外向内为皮肤、肌肉及腹膜,腹膜紧贴腹部气囊和胸后气囊壁。睾丸位于倒数第二、第三肋骨头的下面、肾脏的前方,两睾丸之间有主动脉及后腔静脉分布。睾丸一般呈椭圆形或梭形,多为淡黄色,也有呈黑色、灰色或灰黑色的;其体积的大小,随月龄与品种不同而异。睾丸前端自系膜与胸前气囊壁相联系,外侧有系膜与胸后气囊壁相联系,左右睾丸之间有系膜隔开,故套取睾丸之前,必须首先捣破和断离系膜,才能顺利摘除。

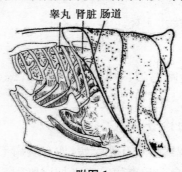

睾丸　肾脏　肠道

附图 1

（2）保定：术者坐在小凳上（或蹲着）将公鸡两翅交扣后，两翅踏于术者左脚下，把鸡腿并拢向后拉直，踏于术者右脚下，使公鸡成左侧卧位，背向术者。

（3）术部：从髋关节向前引一水平线，与最后二肋之间的相交处，是切口中点。

（4）术式

①术部处理：先把切口及附近的羽毛全部拔掉，用冷水湿透周围羽毛，充分暴露切口。

②切开术部：用左手拇指按准切口，右手持刀沿左手拇指前缘与肋骨平行作长2～3厘米的切口，下刀至腹膜。

③扩张切口：用扩创器扩开切口，调节扩创器到适当程度。

④捣破腹膜：用睾丸套尖锐的一端朝腹膜向上挑紧，用阉鸡刀划破腹膜，同时分离腹部气囊壁，便切口通向腹腔深部。

⑤寻找与游离睾丸：左手执睾丸勺，将肠管向下向后拨开，即可看到右侧睾丸，如果睾丸大者不拨开肠管也能看见。右手用镊子把睾丸被膜捏离睾丸实质，用睾丸套尖端撕破被膜，使睾丸完全暴露于被膜之外。继之左手持睾丸勺将右侧睾丸附近的肠管向后拨开，即可见到与左侧睾丸相隔的二层薄膜。右手用镊子避开血管将薄膜捏紧，适当向上拉，左手用睾丸勺的尖端撕破薄膜，放下镊子，将左手的睾丸勺移交给右手，用睾丸勺将左侧睾丸向上翻起。

⑥摘除睾丸：如果睾丸较大，先取上面（右侧）的；若睾丸过小则先取下面（左侧）的，以免摘除上面的睾丸时损伤血管出血，以致不易找到下面的睾丸。摘除睾丸的手法是左手持睾丸勺上棕丝的游离端，右手持勺端，自怀中向外转，绕过睾丸游离边的下面，套住睾丸根部；然后左右手交叉，上下均匀拉动棕丝，锯断睾丸。若出血，可用睾丸勺背面沾冷水迅速压住睾丸根部，血止后，继续用同法摘除右侧睾丸，并轻轻取出凝血块。

对于小公鸡则适用小竹筒制的套睾器,即用内直径 0.1 厘米的小竹枝,长为 5 厘米,将一条约 12 厘米长的棕丝等分弯折穿过 5 厘米长的小竹筒,在下端弯折处留一套睾的小圆圈,借睾丸勺的帮助,将两侧睾丸套在小圆圈内,然后缓缓将棕丝上提,待棕丝圆圈收缩至睾丸根部时,迅速将棕丝上拉,把睾丸根部切断,然后用勺把睾丸取出。

⑦切口处理:摘除睾丸后,取出扩创器,切口不须缝合,在术口贴上羽毛,松开交扭的翅膀,解除保定,让其安静休息。

(5)手术要点及注意事项

①选准切口部位,是准确暴露和保证顺利摘除睾丸的重要一环。在摘除睾丸之前,充分刺破腹膜,分离睾丸被膜、睾丸系膜与气囊壁的联系,使棕丝紧贴睾丸根部,才能顺利取出睾丸。

②术中避免损伤血管,若遇出血时,立即用冷水按压止血,待血止后,轻手将凝血块取出,防止内脏粘连;同时避免刺破气囊,引起气肿。

③摘除睾丸要细心,避免将睾丸弄碎,做到完整摘除,如有残留或睾丸掉入腹腔找不出来,都达不到阉割的目的。

④对大公鸡的阉割,先喂几勺冷水,使血管收缩后进行阉割,可减少出血死亡。

⑤凡是脚高冠小、绿耳朵鸡、白鸡、体格大的品种鸡,其个体特异性不同,比较难阉,故手术更应小心仔细。

6. 观察结果

术后须观察手术效果,注意公鸡阉后的精神、动态、食欲、鸡冠色泽、粪便等情况,尤其应注意有无后出血,以便及时止血补救。

二、嗉囊切开术

该术适于一切在药物、酸中毒和嗉囊阻塞的抢救或鸡因误食毛球、细尼龙绳、橡皮筋、塑料等引起嗉囊积食后，及时应用本法能收到良好的疗效。

手术方法是在嗉囊下部拔掉羽毛用 5％碘酊消毒，75％酒精脱碘，然后避开血管，用手术刀片将嗉囊切开 2～3 厘米，迅速清除嗉囊内的毒物，用肥皂水反复冲洗干净。全层缝合嗉囊，再做内翻缝合，结节缝合皮肤，外涂 5％碘酒。

若是药物中毒同时注射阿托品解磷定效果更佳。

参 考 文 献

1 佟建明．蛋鸡无公害综合饲养技术．北京：中国农业出版社，2003

2 杨志勤．养鸡关键技术．成都：四川科学技术出版社，2003

3 李千军．土种肉鸡高效养殖新技术．天津：天津科学技术出版社，2002

4 邱祥聘．养鸡全书．成都：四川科学技术出版社，2002

5 施泽荣．土鸡饲养与防病．北京：中国林业出版社，2002

6 尹兆正等．优质土鸡养殖．北京：中国农业大学出版社，2002

内 容 简 介

　　散养土鸡及其鸡蛋以其口味好、无农药残留等特点越来越受到人们的青睐。土鸡散养是目前全国各地大力发展的养殖方式，果园、山林养出的土鸡营养丰富，肌肉嫩滑，肌纤维细小，肌间脂肪分布均匀，水分含量低，鸡味浓郁，风味独特，产品安全无污染；其养殖技术既是舍养技术的延伸，又有别于舍养，是综合发展的一门技术；许多农民利用草原、林地、果园等养鸡实现了快速致富的梦想，是值得大力发展的致富养殖形式。

　　本书注重技术性和实用性，便于阅读，是广大农村养殖户尽快致富的理想参考书。